피부가 예뻐지는 화장품 이야기

피부가 예뻐지는 화장품 이야기

1판 1쇄 발행 2009년 6월 15일
1판 4쇄 발행 2010년 3월 29일

지은이 이영현 **펴낸이** 김영곤 **펴낸곳** (주) 북이십일 21세기북스
기획·편집 김정규 **본부장** 이승현
마케팅·영업 도건홍 김남연 **디자인** (주)디자인신지 **일러스트** 이미라
출판등록 2000년 5월 6일 제10-1965호
주소 (우413-756)경기도 파주시 교하읍 문발리 파주출판단지 518-3
대표전화 031-955-2100 **내용문의** 031-955-2707 **팩스** 031-955-2122
이메일 book21@book21.co.kr **홈페이지** www.book21.co.kr

값 13,800원
ISBN 978-89-509-1895-8 13590

네이버 파워블로거 1위 꿀물의

피부가 예뻐지는 화장품 이야기

21세기북스

명랑소녀 회춘기

전공과 관련된 회사의 면접을 보고 출근을 앞 둔 어느 날 엄마가 던지신 "쇼핑몰이나 해봐" 한마디에 평소엔 말도 안듣던 내가 바로 '네'라고 대답하고 실천에 옮겼다. 쇼핑몰을 운영하려면 먼저 일을 배워야지 싶어 곧바로 쇼핑몰 면접을 보고 3개월간 성격이 다른 두 군데 쇼핑몰에서 일했었다. 디자인팀에서 일하면서도 수시로 기획안을 올렸는데 그중 하나가 현재의 내 블로그였다. 지금의 내 블로그처럼 여자들이 관심을 갖는 주제들을 묶어 매거진 형태의 블로그를 만들어보자는 기획안은 모두 별 관심이 없어 보였다. 쇼핑몰이 워낙 잘되고 있는데다 싸이월드 미니홈피가 있다는 이유였다. 퇴사한 뒤 나는 그 기획안을 내 쇼핑몰 홍보에 활용하기로 마음먹었다. 그리하여 거의 3년간 죽어지내던 블로그를 살리는 데 보름의 시간을 쏟았고 블로그 재정비 세 달 만에 쇼핑몰을 오픈했다. 쇼핑몰 홍보

를 위해 개설한 블로그였지만 점점 블로그를 찾는 분들이 늘어날수록 쇼핑몰 홍
보와 무관하게 블로그에 대한 책임감이 생겨났다.

'하루 1,000명만 들어오면 좋겠다'고 생각했던 순간이 지금도 생생하다. 그저
내가 좋아하는 뷰티, 다이어트, 패션, 쇼핑, 재테크, 인테리어 등에 대한 글을 조
금씩 블로깅 할 때 마다 조금씩 사람들이 찾아들더니, 나도 모르는 사이 어느새
나는 '화장품 블로거'로 불리고 있었다. 매거진파파는 그렇게 처음 시작은 단순
한 쇼핑몰 홍보를 위함이었지만, 점점 사람들과 예뻐지는 노하우를 나누고 공유
하면서 화장품과 뷰티 정보를 공유하는 블로그가 되어 가고 있었다. 지금의 나는
매거진 파파가 모두가 아름답게 변화할 수 있는 곳이 될 수 있기를 진심으로 바란
다. 그래서 '덕분에 5kg 빠졌어요, 10kg 빠졌어요', '매거진파파에서 놀면서 예
뻐졌단 소리 들었어요. 화장이 재밌어요' 이런 얘기를 들으면 가장 보람을 느낀
다. 매거진파파를 찾는 이들의 변화가 어디 내 덕분일까 만은 내가 0.01%의 도
움은 되었다면 그것으로 충분하다.

'화장품'은 짧은 수명을 지녔다. 신제품은 계속해서 쏟아지고 또한 내가 나누는

화장품 이야기도 금방 옛날 얘기가 되어버린다. 도움이 되었던 좋은 정보라도 신제품 이야기에 바로바로 밀리고 내 블로그 역시 새로운 이야기가 늘 앞자리를 차지하게 된다. 심지어 나 또한 예전과 전혀 다른 화장품에 대한 생각을 전하게 되는 경우도 있다. 그러므로 지금 내가 나누는 글이 영원한 진리는 결코 아닐 것이다.

단지 블로그나 이 책을 통한 나의 이야기를 읽는 동안, 모두가 아름다워지고, 자신을 가꾸며 스스로를 사랑하게 되는 것. 그렇게 되도록 내가 도움이 될 수 있다면 좋겠다.

온라인 세계를 넘어서 이 책을 통해 사람들을 만나면서 독자들에게 당부의 말이 있다면, 내가 추천한 제품들을 사면서 그때그때 만족하는 것이 아니라 더 이상 내가 추천하지 않아도 또는 누구의 도움 없이도 각자가 자기에게 꼭 맞는 제품은 골라내는 객관적인 눈을 기를 수 있었으면 하고 바란다. 더 이상 트렌드에 휩쓸리거나 광고에 현혹되는 것이 아니라 쏟아지는 신제품 가운데 내가 주목해야 될 제품을 스스로 찾아내는 것! 그런 눈을 길러 스스로의 아름다움을 발견하고 유지하는 것이 나의 바람이다.

책을 쓴다며 100리 밖까지 다 소문냈다. 돌아오는 것은 30%의 축하와 70%의 걱정. 모두의 진심어린 걱정 속에 힘겹게 책을 완성했다. 단 한 줄도 쓰기 힘들었던 순간 내가 붙잡을 수 있었던 유일한 한분, 하나님께 매우매우 감사드리며 물심양면으로 지원을 아끼지 않았던 처음이 언니와 배용준보다 더 잘생긴 미남이에게 고맙다는 말 꼭 전하고 싶다. 그리고 한 달도 넘게 블로그를 방치하더라도 매일매일 찾아와 주셨던 이웃들과 출판의 기쁨을 함께하고 싶다.

2009년 5월

꿀물 이영현

매일같이 쏟아지는 수많은 뷰티 매거진의 홍수 속에서도 매거진 파파가 빛나는 이유는 꿀물님의 센스 있고 솔직한 글 솜씨 때문이죠. 백화점 1층을 헤매는 수많은 여자들의 네비게이션, 매거진 파파 그리고 꿀물님입니다. – 또여사

매거진 파파와의 우연한 만남이 저의 가치관 자체를 바꾸어놓게 되었습니다. 비싼 것, 돈 들이는 것이 진부가 아니라 진정으로 건강하게 아름다워지는 법을 알려주는 매거진 파파! 덕분에 저의 20대도 점점 아름다워지고 있습니다. 맹신하는 블로거이지만 남한테 알려주고 싶지 않은 비밀 같은 곳입니다. – 하늘느낌

꿀물님의 화장품에 대한 자세하고 정확하고 냉정한 리뷰는 제 지침서예요. 어떤 화장품이 사고 싶으면 우선 꿀물님이 리뷰를 쓰셨는지부터 확인해요. – sokehohoho

기본적인 스킨케어 외에도 나이가 들면서 때와 장소에 따라 꼭 화장을 해야 하는 상황들이 생기는데 이왕 돈을 지불하고 내 피부에 쓰는 것이라면 좋은 제품을 구매해서 쓰는 것이 현명하잖아요. 꿀물님을 통해 제대로 정보를 파악하고 화장품을 구매해 사용 하다 보니 더욱 내 피부를 사랑하고 소중히 하는 마음도 커지고 있어요. – 파리지앵

체험단 이벤트 등으로 인해 칭찬 일색인 리뷰가 판치는 인터넷에서 비판적인 시각으로 제품의 장단점을 정말 세세하게 설명해주시는 꿀물님, 앞으로도 유용한 정보 기대할께요. – 줄리아

꿀물님의 친절한 블로그는 저처럼 자신을 꾸미고 싶어도 방법을 모르는 사람들에게는 오아시스(!) 같은 곳입니다. 화장품에 대한 분석과 자세한 메이크업 기술, 무엇보다 꿀물님의 찰진 입담을 책에서 다시 만날 수 있다니 너무 기대가 되네요. – 버드솔

꿀물님을 통해 변해가는 제 모습을 보면서 언제나 감사하고 있어요 예전엔 그저 남들 하는 메이크업을 나에게 어울릴지는 생각도 않고 그냥 따라 했었는데 피부를 생각하고 내 자신에게 어울리는 메이크업을 알아가면서부터 더 이뻐졌다는 말을 많이 듣고 있어요. - 별향

화장품에 대해 아무것도 모르는 사람도 알기 쉽게 표현하고 화장품에 대해 솔직하게 얘기하고 어느 피부 타입에 맞을지 추천까지 해주는 완벽 컨설팅! 모든 분들께 추천합니다. - 보실토실

Back to the Basic. 무엇이든지 기초부터 탄탄히 하는 것이 가장 중요하다고 생각합니다. 소소한 것들 하나하나 소홀히 하지 않고 다루는 그 마음 씀씀이에 반했어요.^-^ 그래서 매번 어느 것 하나 빼놓지 않고 아주 소중히 배워 간답니다. - 흰둥이

화장의 'ㅎ'자도 몰랐던 나의 쪽집게 메이크업 과외 선생님. 블로그에서 꿀물님의 리뷰만 읽었을 뿐인데 이제는 친구들 사이에서 '화장품 도사'로 통한답니다. - 나물

꿀물님의 메이크업 포스팅은-여자는 모두 아름다워질 수 있다, 어울리지 않는 메이크업은 없다, 얼마나 자신에 맞게 고쳐나가느냐가 것인가가 관건이다, 자신을 아름답게 가꾸는 것은 자기 자신을 사랑하는 일이다, 라고 알리는 것 같습니다. 저는 이런 꿀물님의 당당함이 너무 좋습니다. - 샤우라

꿀물님을 알고 난 후로는 정처 없이 떠돌던 인터넷 코스메틱 관련 사이트 다 접었습니다. - 싸가지듬뿍

contents

1 피부가 예뻐지는 기초공사

클렌징, 기능성 화장품, 스킨케어

1

피부가
예뻐지는
기초공사

Pack
SUGAR scrub
Pack
클 렌 징
기 능 성   화 장 품
스 킨 케 어

헛다리 클렌징

01

클렌징 제품을 고를 때 보통 피부 타입에 맞추지만 이는 사실 어폐가 있다. 순하고 자극적이지 않은 제품으로 고르는데 짙은 메이크업을 한다고 하자. 당연히 순한 제품으로는 안 된다. 단 하나로 해결이 가능한 제품을 선택하는 것이 오히려 현명하다.

오르비스 클렌징 리퀴드같은 제품은 순하고 좋다. 하지만 폼클렌징을 사용해야 하기 때문에 그 순한 것에는 의미가 없다. 오일 자체가 싫은 사람들에게는 굉장히 좋은 사용감을 안겨줄 것이다. 그러나 나는 폼클렌징 대신에 물 세안을 하고 해면으로 정리하는 클렌징을 즐기며, 블랙헤드를 자극 없이 관리하기 위해 다른 제품을 사용하기보다 오일과 해면을 이용한다. 이런 나에게 오르비스 클렌징 리퀴드는 적합하지 않다.

클렌징 제품을 구입하다 보면 무슨무슨 성분이 들어 노화를 방지한다거나 화이트닝 기능이 있다는 이야기를 듣게 된다. 물론 그런 성분들이 없다는 말이 아니다. 맞다, 들어 있다. 그러나 상식적으로 생각해보자. 얼굴에 몇 번 비비고 물로 씻어내는데 그 노화 방지 성분이나 미백 성분이 진정으로 효과를 미치겠는가? 천만의 말씀이다.

클렌징을 고를 때 무슨무슨 효과에 혹하지 마라. 클렌징 제품은 피부에 얹어두는 것이 아니라 순식간에 씻어낸다는 사실을 기억하자!

요즈음 클렌저들이 저마다 성분을 강조하느라 난리다. 다른 것도 아닌 클렌저가. 세안하는 동안 피부에 얹어놓고 멀뚱멀뚱 기다릴 것도 아니고 얼른 문지르고 씻어낼 텐데 그런 효과에 혹해서 큰돈을 지불하는 것은 어리석다.

무조건 순한 클렌징을 찾는다고?

잔주름과 모공이 가득한데 그걸 커버하는 프라이머를 포기할 수 있는가. 실리콘 성분이 들어 있는 프라이머는 좀더 꼼꼼한 클렌징을 필요로 한다. 모공 제품, 땀과 물에 잘 지워지지 않는 워터 프루프 제품에는 실리콘이 많이 쓰인다. 도움도 되고 편리한 게 사실이다. 그런만큼 더 강력한 세안제를 필요로 한다는 점은 어쩔 수 없다.

적절한 클렌징을 통해 메이크업 잔여물이 모공을 막지 않도록 힘써야 한다. 이때 과도하게 분비되는 피지를 억제하는 클렌저를 사용하지 않더라도 그 정도 효과는 얻을 수 있다. 클렌징은 가급적 자극을 줄이되 좀 더 부지런을 떨어서 일주일에 한 번 정도 부드러운 각질 제거나 딥클렌징을 하는 편이 좋다.

폼클렌징은 절대 안 된다고 생각하는 경우도 있지만 평소에 폼클렌징을 '한 번' 사용한다고 피부에 큰 문제를 유발하는 것은 아니다. 물론 여러 번 씻어내는 사람들도 있다.

세상은 지나치게 완벽한 클렌징에 대해서만 교육하고 있다. 그것이 특정 피부를 완전히 회생 불가능하게 망쳐놓을 수도 있음을 간과한 것이다. 내가 폼클렌징을 거부하는 까닭은 다름이 아니라 메이크업을 지우는 것만으로도 내 얼굴이 상당히 지치는 탓이다. 순한 게 좋다고 화장을 덜 지울 수도 없고, 어차피 짙은 메이크업을 확실히 지우기 위해서는 자극을 가하는 수밖에 없다. 그렇다면 이중 세안만큼은 순한 제품을 고르자. 클렌

꿀물의 클렌징 선택법

- 피부 밸런스를 유지하는 약산성 클렌저
- 물에 잘 헹궈지는 수용성 클렌저
- 사용 후 피부 당김이 적은 제품
- 눈에 자극이 없는 제품
- 민감한 피부에는 무향, 무색소인 베이비 클렌저도 좋다
- 항균 제품, AHA, BHA 클렌저는 비추천이다
  (몇번 문지르다 바로 씻어낼 클렌징제품이기 때문에 의미없다)

징 워터도 마찬가지다. 가벼운 메이크업 제품만 한 가지 발랐다면 워터 타입의 클렌저로 꼼꼼히 닦아내고 물 세안만 충분히 해도 된다.

클렌징을 공들여 박박 하면서 포인트 메이크업은 대충 지워내는 사람들이 많다. 특히 아이 메이크업을 대충 닦아내는 사람들이 많은데 면봉에 리무버를 묻혀 묻어 나오지 않을 때까지 살살 닦아내는 것이 중요하다.

2차 세안까지 마쳤는데 눈에서 뭔가 묻어 나온다면 낭패다. 눈가 피부를 진짜 위한다면 아이 제품을 챙기기보다 남은 색조 제품이 없도록 클렌징해야 한다. 아이 리무버로 부드럽게 빨리 눈가를 닦아내면 된다. 절대 세게 문지르지 말고, 리무버의 양을 지나치게 아끼면 자극이 될 수 있다.

입술도 꼼꼼히 닦아내자. 리무버를 묻힌 면봉이나 클렌징 티슈를 이용해 살살 닦아내되 평소 입술이 심하게 트고 예민한 경우에는 가볍게 닦아준다. 세안이 마무리되면 다시 립밤을 면봉에 묻혀 입술을 닦아내면서 보습도 같이 한다. 본격적인 클렌징에 들어가기 전에 눈가와 입술을 아주 살살 문질러 다 지워놓아야 클렌징에서 과하게 문지를 필요가 없다.

조금만 부지런을 떨면 순하면서도 완벽한 클렌징이 가능하다. 계란을 하나 꺼내자. 이것을 계란이 아니라 고가의 앰플이라고 생각하라. 흰자를 거품 내어 냉장고에 차갑게 보관한다. 메이크업을 다 지워내고 마지막 단계에서 차가워진 흰자 거품으로 골고루 마사지한다. 이제 트러블 없이 깨끗한 피부 완성! 지성 피부에게 추천하는 바다.

황사가 왔으니 이중 삼중 세안을 해야 할까?

노폐물과 세균으로부터 피부를 보호하기 위해 박박 씻어야 한다면 키보드를 두드리던 손이나 뭐라도 하나 만지던 손으로 얼굴을 살짝만 건드려도 난리가 나야 한다. 피부 면역력이 그 정도로 떨어졌으면 이미 말 다 한 것 아닌가.

요즘은 클렌징 제품이 좋아져서 그렇게까지 벗겨내지 않아도 잘 씻긴다. 흙먼지 씻어내려다 오히려 피부가 더 건조하고 예민해질 수도 있다. 예나 지금이나 약산성을 외치며 피부 pH를 지키자고 떠들어대는 건 다름 아닌 피부를 위해서다. 그리고 아주 쉬운 스킨케어를 위해서다

기본적인 클렌징에서부터 망가지면 갈수록 힘과 돈은 더 든다. 건강한 피부의 pH는 5.0 내지 6.0 정도의 약산성이다. 이 약산성을 유지해야 피부에 필요한 균이 잘 자라고 세균의 번식을 막을 수 있다. 괜히 가만있는 피부를 건드리지만 않으면 알아서 피부 pH를 일정하게 유지하는데 그 놀라운 인체의 신비를 깨부수는 것이 바로 우리다. pH가 깨지면 좋은 제품을 발라도 효과를 보기 어렵다. 기능성 성분을 흡수하기에 적절한 피부 pH를 유지해야 한다.

피부의 가장 표면에 위치한 지질막과 기능성 성분이 친화적으로 작용해야 한다. 이 정도면 피부 pH는 스킨케어의 기초라고 하겠다. 그런데도 언제까지 독한 클렌징을 고집하려는가.

알칼리성 세안제는 약산성에서 잘 유지되는 천연 피부 보호막을 깨

부순다. 당연히 피부가 세균, 박테리아에 무방비로 노출될 수밖에 없다. 알칼리성 세안제를 반복적으로 사용하면 피부는 스스로 pH를 유지하는 능력을 잃게 되어 피부가 예민해지는 건 시간문제다.

여드름 피부도 마찬가지다. 트러블이 심하다고 클렌징을 너무 과하게 자주 하면 피부가 자극을 받고 수분 손실은 더 커진다. 이는 오히려 과도한 유분 분비로 인한 악순환을 초래한다. 여드름 피부라도 메이크업을 한 경우에는 클렌징을 꼼꼼히 한 뒤에 약산성의 저자극 세안제로 골고루 문질러 2차 세안을 하는 편이 좋다. 나는 여드름 피부에도 웬만해서는 여드름용 클렌저를 추천하지 않는다. 피지를 제거하는 효과가 뛰어난 것은 사실이다. 하지만 자극적인 세안으로 피지를 싹 제거해놓고 여드름용 제품을 두세 개씩 바르면서 설마 오일이 전혀 들어 있지 않다고 생각하는가?

차라리 순한 클렌저를 사용하고 모이스처라이저를 덜 바르는 방법을 권한다. 평생 여드름과 함께할 생각이 아니라면 여드름이 호전되었을 때의 피부 상태도 생각해가면서 관리하자. 당장에 모두 없애려고 기를 쓰면 좋은 부위까지 나빠질 수 있다.

물 세안에도 방법이 있다

젖은 손에 클렌저를 놓고 거품을 낸다. 골고루 문지르고 T존이나 턱은 더 꼼꼼하게 세안하고 뜨거운 물이나 차가운 물은 피부에 자극이 되므로 반드시 미지근한 물로 세안한다. 뜨거운 물에 샤워하는 것을 굉장히 좋아했던 나는 이 습관을 고치기가 쉽지 않았다. 지금도 가끔 나도 모르게 물 온도를 높일 때가 있다. 뜨거운 물에 설거지하면 기름때가 잘 씻겨 나가니까 얼굴의 노폐물까지 효과적으로 씻어줄 것 같겠지만 오히려 건조와 자극을 유발할 뿐이다. 미지근한 물을 이용하고, 헹구는 횟수를 늘리는 것이 좋다.

마지막 헹굴 때도 제일 차가운 온도는 피하자. 해면도 제발 살살! 내가 이렇게 빈다. 여동생이 세수하면서 어찌나 박박 씻어대던지 내가 정말 쓰러질 뻔했다. 아주 살살 곱게 닦아내도 분명히 닦인다. 박박 문질러야만 씻는 것이 아니다. 해면의 용도는 막 문지르는 것이 아니라 피부결을 따라 가볍게 닦아주는 것이다.

아직도 많은 잡지와 광고에서 이중 세안을 강조한다. 불현듯 나타나는 트러블이 화장품을 '사용해서'가 아니라 '덜 씻어서'라고 이야기한다. 술 마시고 나서 세수 안 하고 자도 멀쩡했던 피부라도 지나치게 벗겨내면 털끝만한 자극에 몸서리치는 피부로 바뀔 수 있다.

매일매일 세안은 중요하다. 그러나 꼭, 무조건 이중 세안을 해야 한다고? 글쎄. 이중으로 씻어내는 건 좋다. 물로 잘 헹궈내는 것도 좋다. 이중으로 세안제를 써서 씻으라니 그건 오히려 피부를 망치는 길이다.

각질 제거, 헉!

02

어제도 오늘도 스크럽으로 박박 문지르면서 예민한 피부를 걱정하는 사람들이 있다. 주변의 많은 친구들, 그리고 '매거진 파파'의 많은 이웃들이 내가 이야기한 클렌징 방법만 바꿨는데도 오래 지속되던 붉은 기와 볼 부위 트러블이 멈추었다고 했다. 클렌징과 각질 제거를 무조건 열심히 할 게 아니라 적. 당. 히. 해주기만 해도 피부가 불치병에서 회복되는 수가 있다. 진짜다.

지금 당장 각질 관리를 중단하라고 하면 움찔할 사람들이 많다. '어떻게 각질 관리를 그만두라는 거지?'

각질 제거는 일주일에 두세 번 해야 한다는 말이 있다. 지금 당장 인터넷으로 모든 브랜드를 뒤져보자. 그리고 그 브랜드에서 최소 한 가지 이상의 판매 중인 각질 제거 제품을 클릭해보자. 사용법을 보면 일주일에 2~3회 사용으로 되어 있다. 피부 상태에 따라 어느 정도 가감하라는 말도 없이 각질 제거의 중요성과 그것이 피부에 왜 꼭 필요한지만 설명한다. "각질 관리를 잘하면 쌓였던 묵은 각질이 다 떨어져 나가 칙칙함이 사라지고 보들보들 아기 피부처럼 되면서 윤기가 좔좔!"

나쁜 놈들! 우리가 그렇게 철석같이 믿었건만 소비자들이 일주일에 1회 혹은 열흘에 1회 사용하면 양이 줄지 않아 덜 팔리기라도 할 것 같더냐?

피부 문제로 피부과를 찾는 환자들 중에는 화장을 꼼꼼히 지우지 않았거나 각질 제거를 제대로 안 한 사람보다 화장을 너무 완벽하게 잘 지워서, 각질을 심하게 깎아내 민감해진 사람들이 더 많다고 한다. 블로그에서 제품을 문의하는 이웃들의 70%가 자신은 피부가 민감하다고 한다. "지성인데 민감해요.", "건성인데 민감해요."

본인이 민감하게 만들어놓은 것은 아닌지 되묻고 싶다. 홈케어뿐만 아니라 피부를 위해 찾아간 병원에서 무리한 시술로 인해 각질층이 많이 손상되어 멀쩡하던 피부가 돌연 초민감성으로 바뀌는 안타까운 사례들도 있다. 잦은 각질 제거로 약해진 피부는 자외선과 그로 인한 피부 문제, 즉 기미나 주근깨 등에도 약하다.

잘생긴 각질, 못생긴 각질

'각질'하면 어떤 생각이 드는가? 벗겨내야 할 것 혹은 제거해야 할 것이라는 생각이 본능적으로 떠오른다면 이미 심각한 상태다. 피부가 민감해진 원인이 각질 제거 때문일 확률이 높다. 각질은 무조건 제거해야 할 대상이 아니다.

건강한 피부에는 각질이 있다. 이를 두고 '잘생긴 각질'이라고 한다. 각질은 피부의 가장 바깥에 있는 층으로 피부에 필요한 수분과 피지를 유지하도록 도와 윤기 있게 만들고 외부 자극으로부터 피부를 보호한다.

각질층은 내내 가만히 그 자리에서 쌓이기만 하지 않는다. 28일의 피부세포 재생 주기에 따라 묵은 각질층은 저절로 떨어지고 새로운 각질층이 형성된다. 건강한 피부는 28일을 주기로 새로운 세포가 만들어지고 각질이 저절로 떨어져 나가 좋은 피부를 유지한다. 떨어져 나가야 할 각질이 남아 있을 때 흔히 물리적, 화학적으로 각질 제거 제품을 이용해서 제거해야 한다.

앞서 말한 잘생긴 각질을 지닌 건강한 피부는 세포의 재생 주기에 맞추어 제때 알아서 각질이 탈락하기 때문에 애써 벗겨낼 필요가 없다. 자신의 피부 상태를 확실히 알지 못하는 상태에서 각질 제거를 일주일에 한두 차례씩 꼭 챙겼다면 이 얼마나 무서운 노릇인가. 멀쩡하게 건강한 피부의 각질을 일주일에 몇 번씩 다시 벗겨내다니. 그래놓고 피부가 예민해졌다는 둥, 건조해졌다는 둥, 트러블이 생겼네, 잡티가 더 잘 생기네 하면서 비싼 크림을 찾는다고 하니 안타깝다.

특히 어린 중·고등학생을 동생으로 둔 분들은 필히 교육을 시켜야 한다. 요즘은 학생들을 타깃으로 한 제품이 많고 무분별한 광고가 범람하고 있기 때문이다. 건강하기 그지없는 피부가 습관적인 각질 제거로 손상되지 않도록 가르쳐야 한다. 어떤 브랜드도 각질이 무엇인가에 대해 이해시키려고 노력하지 않는다. 무조건 '묵은 각질'만 강조하고 '제거해야 할 것'으로 주입시킨다.

정말 안 떨어져 나가는 거칠거칠 오돌토돌한 묵은 것만 제거하라. 피부관리실이나 피부과를 주기적으로 찾는 편이라면 집에서 각질을 제거할 필요가 없다. 기본으로 다 해준다.

평소 해면을 사용하는 경우에도 좀더 피부 상태를 꼼꼼히 살펴보고 나서 각질 제거에 들어간다. 나는 피부가 원하는 듯 싶어도 죽도록 원한다고 느끼지 않는 이상 각질을 함부로 제거하지 않는다. 화이트닝 제품, 지성 피부를 위한 폼클렌저와 토너도 AHA 성분이 있어 각질 제거 기능을 한다. 사용 중인 제품이 있다면 본사에 문의해본 후에 제대로 알고 쓰자. 무턱대고 행한 각질 제거는 자극만 줄 수 있다. 각질을 너무 심하게 제거하면 오히려 피부가 약해져 트러블을 유발한다.

여드름은 아닌데 턱 주변이나 피부에 갑자기 오돌토돌 돌기가 만져진다든지, 화장이 평소보다 안 받는다든지, 피지 분비가 갑자기 늘었다든지, 거칠고 화장이 잘 안 먹고 얼굴이 칙칙해 보인다면(문제는 대부분 자기 얼굴이 칙칙하다고 생각한다는 거다) 각질을 제거해야 할 필요가 있다.

학교 공부 혹은 계속되는 야근으로 수면이 부족하면 신진대사와 세포대사 기능이 떨어져 각질의 자연스러운 탈락이 힘들어진다. 그래서 화장이 잘 안 먹으면 각질 제거를 따로 해주는 것이 좋다.

따뜻해진 날씨 탓에 모공이 열리고 피지 분비가 왕성해지면 미세 먼지가 달라붙기 쉽다. 모공에 달라붙은 노폐물을 제거하기 위한 각질 제거는 일주일에 한 번 정도가 적당하다. 무리한 딥클렌징이나 잦은 각질 제거는 '독'이다. 또한 손의 압력과 지속 시간에 따라 자극이 더해질 수 있으니 살살 하되 각질 제거는 5분 이내에 끝내는 것이 좋다.

사실상 화학적 각질 제거 제품을 만들어낸 회사들의 죄가 크다. 각질 제거 효과는 그대로 살리면서 자극은 최소화했다고 한다! 그러나 어디까지나 자극 없이 사용할 때의 이야기. 요즘은 여기저기 흔하게 사용되는 성분이라 무턱대고 덧바르면 자극은 마찬가지다.

자, 여기 중성 피부가 있다. 재생 크림이라고 굳게 믿고 있는 크리니크 토털 턴 어라운드 크림을 매일 바르고, 일주일에 두세 차례 각질 제거를 하고, 노화를 방지해 준다는 키엘 오버나이트 바이올로지컬 필 에센스를 바른다. 어떻게 될까? 장담하건대 얼마 못 가 민감해진 피부로 고생하거나 붉은 기로 고민하게 될 것이다.

집에서 홈 필링제를 사용하면 굉장히 효과적이지만 자제해야 한다. 피부 보습막이 파괴되어 건조하고 민감해질 수 있다. 나는 블로그에 각질 관리 제품을 올릴 때 굉장히 조심스러워진다. 제품이 좋으니 소개하고 싶지만 좋은 제품이라고 하면 다들 사서 쓸 게 분명하다. 그것도 자주.

피부가 건강하다면 파우더 타입의 부드러운 각질제거제를 선택해 코, 턱, 이마 등 비교적 피부가 두꺼운 부위에만 사용하자. 알갱이가 굵은 제품은 피부 자체를 긁어 눈에 보이지는 않지만 상처를 낼 수 있다. 상처에 오염 물질이 달라붙으면 염증이 일어나기도 한다.

손에도 각질이 있다. 각질을 제거할 때는 손도 챙기자. 얼굴에 마사지를 하면서 손을 골고루 문질러 손의 각질도 관리한다. 그다음에 핸드크림을 듬뿍 발라 보습에 신경 쓰자. 조금 번거롭더라도 네일숍에서처럼 오일로 손을 마사지한 뒤에 스팀타월로 닦아내면 한결 좋다.

각질 제거 후에는 뭘 하면 좋을까?

보습은 기본이다. 그러나 각질을 제거한 후에 피부가 건조해졌다고 유분이 많은 제품을 치덕치덕 덧바르면 각질 제거의 효과가 반감된다는 점을 잊지 말자. 보습 마스크를 권하기도 하는데 과한 유분은 오히려 좋지 않다.

아침에 각질을 제거하면 안 되느냐는 질문에 대한 명확한 답은 없다. 개개인의 피부에 따라, 사용하는 제품에 따라, 각질 제거의 강도에 따라 차이가 있다. 건성 피부면서 하얀 각질이 들뜬다고 아침부터 스크럽을 했다가는 화장이 더 안 먹는 경우가 생겨 낭패를 볼지도 모른다.

각질이 일어나면 분명히 제거해야 한다. 그러나 오전에는, 특히 메이크업 전에는 과도하거나 완벽한 각질 제거를 피하자. 미세하게 결만 정돈한다는 생각으로 오일 클렌징을 하거나 거품으로 효과를 볼 수 있는 효소 클렌저를 이용하는 편이 효과적이다.

건성　　　피부가 건조하고 푸석해 졌다고 느끼면 무조건 각질제거에 달려드는 사람들이 있다. 그런 사람들에게는 각질을 제거하기에 앞서 수분과 영양공급을 시도해 보는 것이 필요하다. 각질이 많이 쌓여서가 아니라 아주 단순히 유수분이 부족해서 들뜨거나 거친 느낌이 있는 경우가 상당히 많다. 그런 다음 아니다 싶을때 각질제거를 시도해도 늦지 않다. 평소 마사지만 잘해도 각질 제거 효과가 있고 건강한 피부로 거듭날 수 있다. 잘만 관리하면 각질 제거는 많이 필요하지 않다. 각질 관리 후에도 수분 제품을 바르고 마사지를 해가며 흡수시킨다.

중건성, 중지성　　　AHA를 함유한 화학적 각질 제거 제품이나 물리적인 스크럽을 이용해 부드럽게 마사지한다. 중지성 여드름은 BHA를 함유한 화학적 각질 제거 제품을 이용한다.

베이킹파우더는 모든 피부에 사용 가능하지만 자극적이라고 말하는 사람도 있다. 도대체 얼마나 세게 문질렀을까. 횟수와 강도가 중요하다. 충분한 물과 섞어 아주 살살 부드럽게 문질러도 효과가 있다. 더 이상은 단순히 '부드럽게'라고 해서는 안 된다. 생각보다 스크럽 중독자들이 많다. 뭔가를 깎아내려는 의지를 가지고 강하게 문지르는 사람이 많다는 말이다. 손에다 적당량을 덜어 물에 녹여 사용하면 시중에서 파는 스크럽보다 오히려 자극이 덜하다.

염화칼슘이 물과 섞이면 발열 반응이 일어난다. 얼굴이 따뜻해진다는 말이다. 이런 팩 혹은 스크럽 제품에 대해 일부에서는 "효과 있다"는 말로 일축한다. 앞뒤 잴 것 없이 따뜻해지니까 마냥 신기하고 효과가 있을 것 같은 기대를 불러일으킨다. 신세계를 경험하는 듯하다. 그러나 이것이 모공을 활짝 열어 그 속의 더러움은 쏙 빼주고 찬물 패팅이나 그 후의 관리로 모공이 다시 제자리를 찾으리라는 기대는 버려라.

문제는 염화칼슘이 피부를 더욱 건조하게 만들 가능성이다! 지성 피부가 아니라면 가급적 따뜻해지는 스크럽이나 팩은 사용하지 않는 것이 낫겠다.

그렇다면 지성이나 트러블 피부는 어떻게 하지?

반갑다,
AHA! BHA!

03

깨끗하고 건강한 피부를 위해 첫 번째로 꼽는 게 바로 각질 관리다. 스크럽 알갱이를 얼굴에 직접 문질러 각질을 떼어내는 방법이 피부에 자극을 준다면 AHA, BHA 성분에 주목하자. 피부가 손상될 염려 없이 각질을 제거해 맑고 투명한 피부를 표현할 수 있다.

지성　　물리적인 스크럽제 사용이 문제가 되지는 않지만 피부의 특성상 과한 피지와 노폐물이 뭉치고, 묵은 각질이 잘 생긴다. 그렇다고 스크럽을 자주 할 수는 없다. 당분간은 마일드한 것이 대세일 듯하다. 마일드한 제품은 매일 사용이 가능하기 때문에 지성 피부에 좋다.

    트러블 주변의 하얀 껍질 같은 각질을 무조건 다 제거해야 한다고 생각하지 마라. 트러블 피부를 알갱이로 박박 문지르면 위험하다. 횟수를 늘려 각질을 무리하게 제거해도 심각한 결과를 초래하게 된다. 트러블이 생긴 것만으로도 이미 피부 각질층이 많이 손상되었을 가능성이 크다. 유수분을 적당히 공급하면서 못 봐주겠다 싶을 때는 눌러주어야 한다. 그리고 마일드하게 제거하면서 피부를 빨리 정상화해야 한다. 여드름 피부는 자극을 주지 않도록 알갱이보다 세럼, 파우더 거품을 이용한다.

AHA, BHA가 궁금하다

AHA(알파히드록시산)   화장품에 폭넓게 쓰이는 AHA 성분은 화장품과 미백, 박피 등과 관련된 피부과 시술에 폭넓게 사용된다. 피부가 민감한 아이 제품에는 3% 정도, 클렌징이나 세안제에는 4~5%, 데일리 모이스처라이저에는 5~8%, 각질 제거 전용 제품 혹은 보디 제품에는 10~15% 정도 함유되어 있다. 농도 50% 이상의 박피술은 피부 착색을 치료하는 데 좋은 결과를 보이지만 이처럼 높은 농도의 AHA 박피술은 의사에게서만 받을 수 있다.

매일 사용하는 AHA 제품은 8% 정도가 가장 좋다. 이보다 농도가 낮으면 효과가 미미하고, 강하면 빠른 효과를 얻을 수 있으나 피부에 자극을 주게 된다. 시중에는 AHA 제품이라면서 각질 제거 효과를 자랑하지만 실제로 사용해보면 농도가 낮아 효과가 떨어지는 제품도 많다.

AHA는 글리콜산, 락트산, 구연산 등 종류가 다양하다. 그중에도 피부 흡수율이 좋은 글리콜산이 대표적이다. AHA는 화학 반응을 통해 피부 표면의 죽은 세포가 떨어져 나가도록 만든다. 이렇게 하면 두꺼운 각질이 제거되고 건강한 세포들이 표피로 올라와 세포의 재생 주기 회복에 큰 도움이 된다.

중건성과 민감성 피부에 잘 맞는 AHA는 표피에 직접 작용해 햇볕 손상, 건조, 비정상적인 세포 성장, 흡연, 지나친 보습 등 여러 요인에 의해 각질화된 피부를 개선한다. 특히 햇볕에 의한 손상은 표피를 두껍게 만들어 피부결을 칙칙하고 거칠게 만드는데, AHA는 이러한 각질층을 훌륭하게 제거해 안쪽에 있던 정상 세포를 드러내는 역할을 한다.

AHA는 수용성이라서 오일을 통과할 수 없으므로 지성 피부보다 중건성이나 민감성 피부에 효과적이다. 피부층이 두꺼워져 피부 재생이 제대로 이루어지지 않는 건조한 피부, 피곤하고 지쳐 보이는 피부에 좋다.

BHA(베타히드록시산)　　　화장품에 쓰이는 BHA는 살리실산 단 한 종류다. 살리실산은 모공 흡수력이 좋으면서 AHA보다 자극이 덜하다. 살리실산이 아스피린에 가까운 성분이기 때문이다. 아세틸살리실산의 파생 물질인 살리실산은 바로 아스피린의 화학명이다. 아스피린은 진정 성분이며 항염 효과가 있다. 피부에 발랐을 때 BHA 제품 안의 살리실산이 항염 효과를 낸다. 지용성인 BHA는 표피의 각질을 제거하기도 하지만 진피층까지 파고 들어갈 수 있어 모공 속 각질에도 작용한다. 덕분에 모공 속의 묵은 세포를 털어내고 노폐물을 녹여내어 모공의 크기와 기능을 개선한다.

AHA는 표피의 기능과 외관을 개선하는 효과가 있어 전체적인 피부 톤에 영향을 미친다. 레이저 박피술과 자외선 차단제와 병행해 사용 가능한 효과적인 미백 성분이다. BHA에는 미백 효과가 아직 검증되지 않았지만 두 성분이 피부에 비슷한 역할을 한다는 점을 고려할 때 피부톤을 개선하는 효과가 있으리라 추측된다. 두 성분은 피부보습제로도 효과적이다.

BHA와 AHA의 근본적인 차이점은 AHA는 수용성이고 BHA는 지용성이라는 것이다. 지용성인 BHA 성분은 지성 피부에 침투하기 쉽다. BHA가 중지성이나 여드름 피부에 좋은 이유는 그 때문이다. 여드름 피부의 경우에 AHA로부터도 어느 정도 도움을 받겠지만 세포 침투력이 좋은 BHA에서 더 큰 효과를 얻을 수 있다. BHA는 기름을 통과해 모공 속으로 들어가 그 안의 환경을 개선한다. 동시에 각질층과 피지를 녹여내어 블랙헤드와 여드름 증상을 완화한다. 반면, AHA는 기름을 통과할 수 없기 때문에 모공 속으로 침투하지 못한다.

외국의 경우 BHA가 화장품에 0.5~2%까지 사용된다. 하지만 현재 우리나라는 0.6%까지만 수입과 제조를 허용한다. 물론 이 성분이 많이 들었다고 반드시 효과가 뛰어난 것은 아니다. 여러 연구에 따르면 1~2%에서 BHA가 최상의 효과를 나타내는 것으로 보고되고 있다. 아주 심한 여드름이나 블랙헤드로 고민한다면 가능한 한 BHA의 함량이 높은 제품을 고르는 것이 좋다.

AHA, BHA를 함유한 제품은 각질과 모공 속 노폐물을 제거하기 때문에 뾰루지 치료에 도움이 된다. AHA 제품을 쓴다고 해서 만성적인 여드름을 완치할 수 있는 것은 아니다. 그러나 계절을 비롯한 여러 가지 요인으로 인해 갑자기 피지량이 늘어나 생기는 여드름에는 개선 효과가 있다. AHA와 BHA는 스크럽보다 자극성이 덜해 누구나 사용 가능하지만 민감한 피부보다는 지성, 트러블 피부에 더 추천하고 싶은 제품이다.

늘 번들거리고 묵은 각질이 쌓이고 트러블이 올라오는 피부는 각질이 자연스럽게 탈락되기 힘들다. 그렇다고 스크럽 제품을 주 3~4회씩 사용하면 오히려 자극을 받는다. 바르고 잘 수 있어 편리하고 피부 자극을 줄여주는 제품이라도 아침저녁으로 바르기보다는 주로 밤에 이용하고 각질 상태에 따라 횟수를 조절하자. 그래야 내성이 생기는 것을 막을 수 있다. 이틀에 한 번 꼴로 저녁에 사용하되 피부 상태가 호전되고 거친 느낌이 사라지면 횟수를 더 줄여도 된다.

AHA와 BHA의 효과를 높여라

AHA, BHA 제품은 나도 추천이 쉽지 않다. 용기에 표기된 것도 있고 그렇지 않은 것도 있다. 성분을 함유했다지만 각질 제거 효과가 형편없는 제품도 많다. 함유량을 공개하는 곳이 몇 군데 있지만 최적의 수치여야 효과가 발휘되는 함유량과 pH를 낱낱이 공개하는 회사는 드물다.

　AHA가 포함된 스킨케어 제품을 쓰면서 각질 제거까지 하는 분들은 조심해야 한다. 크리니크 마일드 클래리파잉 로션은 대표적인 BHA 제품이다. 보통 피부에 매일 썼다가는 뒤집어지기 십상이다. 그래도 그들은 이 제품을 사용하고 있으니 각질제거 횟수는 대폭 줄이거나 아예 사용하지 말라고 지시하지 않는다. 우리는 모르기 때문에 더더욱 자극에 무방비상태로 노출된다.

　AHA, BHA 크림이 소비자의 필요에 따라 진보한 각질 제거제임은 확실하다. 자극이 적어 몇몇 화장품 회사에서는 매일 사용하는 제품이라고 광고한다. 그런데 각질제거제란 이름으로 나오기보다 리뉴얼 크림, 필 등 매일 쓰는 로션, 에센스, 크림으로 소개된다. 직접 구매해 사용해보면 알 것이다.

　처음 사용한 이후부터 한동안은 눈에 띄는 효과가 확실해 전과 다른 피부에 감탄한다. 그러나 그러한 변화는 오래 지속되지 않는다. 사용을 거듭할수록 내성이 생겨 더 높은 농도가 아니면 효과를 느끼지 못하기 때문이다. 지성 피부라도 매일 사용하기보다는 이틀에 한 번 정도면 충분한 효과를 볼 수 있다.

　각질제거제가 어찌 순하겠냐만 그나마 자극이 적은 각질제거제는 1~2% 정도 농도의 BHA 제품이다. 젤, 로션, 크림 형태로 되어 있어 바르고 자면 자연스럽게 각질이 제거된다. 파우더 타입 클렌저도 자극이 적은 편이라 매일 사용해도 큰 무리가 없다지만 예외인 피부도 있다. 정답은 아니라는 말이다.

각질을 제거한 뒤 민감한 상태에서 햇볕을 쬐면 자극을 받기 쉽다. 밤에만 사용해도 효과가 충분하므로 나이트 케어라고 생각하자. 또한 각질 제거 후의 수분 공급을 절대 잊어서는 안 된다. 지성은 다음 날 아침에 수분을 공급해 주는 것이 좋다.

AHA와 BHA 제품을 함께 써도 될까? 스킨케어에서 비슷한 효과를 내는 다른 성분은 같이 쓰지 않는 것이 원칙이다. 여러 제품을 동시에 사용할 경우 피부에 과도한 자극을 줄 수 있기 때문이다. AHA와 BHA도 동시에 같이 쓰지 않는 것이 기본. 각자 특성이 다르며 모든 피부 타입에 좋은 것도 아니다.

AHA와 BHA를 장기간 사용해도 괜찮을까? AHA와 BHA는 일종의 산성 제품으로 무리하게 사용하면 정상 피부층까지 제거해 피부가 민감해질 수 있다. 또 장기간 사용하면 효과가 떨어진다. 이를 방지하기 위해서는 주기적으로 제품을 바꿔주거나 일정 기간의 휴식기를 가지면서 사용해야 한다. 장기간 사용하다가 중단한다고 특별한 부작용이 발생하지는 않는다.

　　　　나는 다리에 심한 각질이 일어난다거나 매일 하얗게 들뜨는 건 아니지만 아기처럼 매끈하지 못하다는 단점이 있다. 부드러운 다른 피부에 비해 확실히 종아리가 다르다. 우리 엄마는 이런 나의 종아리를 보고 '뱀살'이라며 놀렸다. 하지만 지금의 나의 종아리는 예전의 그 뱀살이 아니다.

그때는 제거하지 않는 각질인가 싶어 때도 밀어보고 보디스크럽도 사용해 보았지만 그때뿐이었다. 하루도 채 지나지 않아 원상복귀 되곤 했었는데 지금은 완벽개선! 윤기좔좔 종아리가 되었다. 스타킹도 안 신고 맨다리로 돌아다녀도 "너 스타킹 신었어?" 라는 말을 들을 정도가 되었다. 얼굴에 바르기위해 느뺄뤼 턴오버 필링에센스를 구입했다가 어느날 부터인가 문득, 종아리에 매일 바르기 시작했는데 종아리가 매끈해지기 시작했다. 꼭 이 제품일 필요는 없다. 갖고 있는 AHA나 BHA제품으로 효과를 볼수 있다. 또한 가슴이나 등 여드름으로 고생하다가 여드름은 줄어들었지만 그 자국으로 고민하는 사람들이 있다면 매일 샤워 후 그 부위에 발라주면 자국이 빠른 속도로 개선되도록 도와준다.

든든한 아이케어

04

눈가 피부는 다르다는데 정확히 어떻게 다를까? 피부를 손으로 가볍게 잡아보자. 손끝에서 느껴지는 것만 봐도 얼굴 피부보다 두께가 얇다. 얼굴 피부의 1/3 정도 두께다. 자외선 같은 외부 자극에 약하고 피지선이 적고 건조해지기 쉬운 것도 피부가 얇아 수분 보유 능력이 떨어지기 때문이다. 또 눈가 피부에는 피하지방이 적다. 노화의 신호로 눈가에 주름이 생기고 처지는 이유도 여기에 있다.

아이케어는 낮과 밤을 달리 하자

특별한 제품으로 대단하게 차별해 관리하라는 말이 아니다. 기본은 '보습'이다. 단, 낮에는 자외선 차단에 크게 신경을 써야 한다. 눈가는 피부가

얇고 피지선이 없다. 수분이 쉽게 증발하고 건조해지므로 낮에는 보습과 함께 눈가를 보호해야 한다.

밤에는 주름 개선 기능이 있는 아이크림을 사용하라고 여러 잡지들은 이야기한다. 그러면서 두세 가지 아이크림의 사진과 함께 친절한 광고 문구를 싣는다. 하지만 사용해본 결과, 절대 주름 따위가 없어지지 않았다. 사람들이 바보라서 V라인 크림이나 주름 개선 크림 대신에 부작용이 우려되는 보톡스에 얼굴을 맡길까. 최고 비싼 스킨케어 제품을 쓰기로 유명한 연예인들이 괜히 주사기 아래 드러눕는 게 아니다.

밤 시간의 아이케어는 고보습에 집중하면 충분하다. 순한 모이스처라이저가 있다면, 설명서 어디에도 눈가를 피해 바르라는 말이 없다면 눈가까지 발라도 무방하다. 도저히 찜찜해서 안 되겠고 아이크림을 사야겠다면 주름 개선, 다크서클 완화라는 기능에 목숨을 걸기보다 보습에 충실한 아이 제품이 좋다. 굳이 밤에 아이크림을 별도로 바르고 싶다면 레티놀을 함유해 안티에이징 효과가 있는 제품을 선택하자. 자외선과 접촉하면 좋지 않으므로 낮에는 바르지 않도록 주의한다.

또한 생겨버린 주름을 없앨 방법을 고민하기 이전에, 주름 개선 아이크림을 찾아 헤매는 지금 이 순간 눈가의 자외선 차단을 제대로 하고 있는지 생각해볼 일이다.

선크림 중에도 눈가를 피하라는 말이 없는 제품들이 있다. 갖고 있는 제품은 구입처에 문의해보자. 일반 모이스처라이저를 대신해 아이 전

용 크림이 나왔듯이 아이 전용 선케어 제품이 우후죽순으로 출시되고 있다. 눈가에 발라도 상관없는 제품이라면 눈가만 쏙 빼놓고 바르는 습관은 버려라.

아이크림을 바른 뒤에는 넷째 손가락의 살이 통통한 부분을 이용해 아주 살살 두드려 흡수시킨다. 흡수되지 않은 제품이 공기 중의 세균과 반응해 비립종이 생길 수도 있다니 신중하게! 아이전용 선케어 제품이라고 나온 것들을 사용해 봐도 눈이 예민한 나로서는 눈이 곧바로 충혈되고 시린 경우가 있다. 물론 유명 브랜드 제품인데도 말이다. 참, 어디까지 믿고 이해하며 사용해야 할지 아리송하다.

자외선 차단 기능이 있는 아이크림은 갖고 다니는 것이 좋다. 데일리 케어를 위한 자외선 차단뿐만 아니라 낮에 다크서클을 커버해 수정해야 하는 일이 많은데 눈가 전용 컨실러는 파운데이션보다 짙다. 색소 밀도가 높아 자주 덧바르면 눈가의 수분은 사라지고 주름과 그 사이에 낀 컨실러만 남게 된다. 수정할 때 컨실러만 덧바르지 말고 아이크림을 베이스로 살살 펴 바르고 톡톡 두드려준 후에 컨실러를 바른다.

방황하는 모이스처라이저

05

보통 사람들은 스킨, 에센스, 로션, 크림을 다 챙겨 바른다. 에센스와 로션을 바르면서 왜 바르고 있는지 생각해본 적이 있는가. 에센스를 발라야 한다니까? 로션을 발라야 한다고 해서 무작정 발라왔다고? 역시 누가 말리지 않는다면 미안하지만 그대는 평생토록 바르다 죽을 사람이다.

화장품 회사들은 건성 피부건 지성 피부건 상관없이 에센스, 로션, 크림을 챙겨 바르라고 말한다. 아니, 그보다 더 발랐으면 싶겠지. 그래서 오랫동안 피부 타입에 맞추어 에센스, 로션, 크림으로 이루어진 세트 상품이 출시되었고, 스킨케어 제품은 반드시 피부 타입에 맞추어 챙겨 발라야 한다고 우리를 열심히 설득했다. 뭐, 크게 틀린 말은 아니다. 좀 덜 발라도 되는데 빙 돌아가며 스킨케어를 하게 만들었을 뿐이다. 그렇게 돌다돌다

길을 잃게 만들었다. 갈피를 못 잡고 헤매는 스킨케어에 대해서는 신제품 출시와 함께 새로운 대안을 제시한다.

그렇게 우리는 화장품 회사들로부터 잘 교육받은 대로 모이스처라이저+모이스처라이저+모이스처라이저를 바르고 있다. 건성 피부도, 그리고 지성 피부도.

건조한 피부는 노화로 가는 지름길이다. 거칠고 들뜨고 윤기 없고 잔주름까지 자글자글한 피부가 되지 않기 위해 수분을 공급하고 그 수분을 지키는 단계로써 모이스처라이저가 필요하다. 우리에게 필요한 건 모이스처라이저, 진정 작용을 하는 가벼운 느낌의 모이스처라이저이다. 피부에 맞는 잘 만들어진 모이스처라이저는 피부 감촉을 개선하고, 피부톤을 밝게 하며, 부드럽게 유지한다. 당기지 않는 만큼 덜 바르고 당기는 만큼 더 바르고, 필요에 따라서는 전혀 안 발라도 된다. 욕심 내지 않고 얽매이지 않으면 스킨케어는 아주 쉽다

피부 상태는 매일매일 다르다

크게는 계절에 따라 다르지만 작게는 생리주기, 그날그날의 컨디션에 따라서도 다르다. 매일 반복적으로 이루어지는 똑같은 관리는 경우에 따라 피부에 부족할 수도 있고 과할 수도 있다. 피부 상태를 살펴 그에 맞게 스킨케어를 하는 것이 좋다.

흔히 일주일에 몇 번이라고 정해지기라도 한 것처럼 이야기되는 각

질 제거가 일주일에 두 번이 필요할 때도 있고, 이것이 오히려 해가 될 수도 있다. 보습 역시 '낮에는 조금, 밤에는 많이'가 공식은 아니다. 기본적으로 당기면 바르고 안 당기면 안 바른다. 많이 당기면 많이 바르고, 조금 당기면 조금만 바른다.

복합성이라서 복합성 피부용 스킨, 로션, 에센스, 크림을 바른다고? 그것만 얼굴에 얹어놓으면 알아서 번들거리는 곳은 잡아주고 건조한 곳은 촉촉하게 만들어줄까? 정말 소비자에 대한 농락이라고밖에 할 수 없다.

복합성? 어렵지 않다. 당기는 곳에는 더 발라 보습해주고 번들거리는 곳은 최대한 덜 바르면 된다. 너무너무 간단한데 괜스레 더 어렵게 관리하고 고민하도록 만들고 있다.

흔히 '에센스' 하면 고농축을 생각하고, 그래서 로션보다 가격이 비싸도 선뜻 돈을 지불한다. 이름이 다르다는 이유로 전혀 다른 제품으로 인식해 무슨 에센스, 무슨 세럼 다 챙겨 쓰는 사람도 있다. 여기에 무슨 로션, 무슨 크림까지 바른다. 에센스나 세럼이나 로션이나 크림이나 모두 보습을 기본으로 하는 모이스처라이저이다. 이 중 하나만 제대로 써도 충분하다. 특히 에센스나 세럼은 이름만 다를 뿐 같다고 보아도 무방하다. 욕심 부려 2~3개 챙겨 바르는 에센스들 중에는 사실상 피부에 도움이 되는 성분이 없고 더 나아가 해가 되는 제품도 있다. 맹신은 금물이며 꼼꼼히 따져서 구매해야 한다.

무조건 챙겨 바르는 것도 어리석지만, 돈이 없다면 고민하지 말고 과감하게 하나의 모이스처라이저로 끝내자. 특히 기능성 에센스는 대개 보습력이 떨어지지만 지성 피부에는 충분할 정도의 보습을 하는 경우가 있다. 그럼에도 로션이나 크림을 덧바르는 건 기름을 스스로 만드는 행위밖에 안 된다. 물론 보습력이 떨어지는 기능성 에센스를 쓰고 한계를 느끼는 중건성 피부에는 하나 정도 더 발라주어야 한다.

모이스처라이저로 피부를 관리하고자 할 때 가장 중요한 부분은 세심한 관찰이다. 세안 후의 피부 상태에 따라 또는 메이크업에 따라 가감이 필요하다. 필요 없는 피부에 넘치도록 바를 필요도 없고, 필요한 부분을 건너뛰어도 문제가 된다. 꼼꼼히 확인해 부족한 부분을 채워주자. 매일 똑같은 습관적인 스킨케어를 조금 바꿔보자. 하루라도 빼먹으면 탈날 것 같겠지만 쉬는 날은 아예 피부가지 쉬게 하는 것도 나쁘지 않다.

그렇다고 로션은 필요 없고 에센스나 크림이 무조건 낫다는 말은 아니다. 항산화 성분의 로션보다 못한 고농축 에센스도 있다. 다만 신중하게 골라 필요한 만큼만 써도 된다는 것이다. 대부분 한두 개면 충분하고, 그 하나를 더욱 신중하게 고르라는 말씀!

모이스처라이저는 건조한 부위를 중심으로 발라준다. 여드름이 심하게 진행 중인 부위나 유분이 매우 심한 부위에는 차라리 바르지 않는 편이 낫다.

로션이든 에센스든 크림이든 무엇 하나 포기를 못 하는 것은 각각이 제각기 다른 여러 가지 성분으로 피부를 지켜준다고 착각하기 때문이다.

무슨무슨 이름이 붙은, 특정 브랜드 무슨 라인의 뭐뭐뭐뭐. 다들 거기서 거기다. 어떻게든 화장품을 하나라도 더 늘리려는 전략일 뿐!

피부에 필요하다는 갖가지 아이템들이 늘어나고 있다. 심지어 이제는 낮과 밤을 완전 다르게 관리하라니 화장대 다리가 부서질 지경이다.

모이스처라이저 제대로 바르기

모이스처라이저는 피부에 얇은 유분막을 씌워 수분을 잡아준다. 세안 후에 가급적 빨리 발라야 하는 것도 이 때문이다. 기본적인 순서는 수분 함량이 높은 것부터 발라가며 차례차례 흡수시키는 것이다. 이는 어디까지나 제품별 성분의 흡수를 돕기 위한 이상적인 순서다.

토너로 정리, 액체 타입의 에센스, 좀더 걸쭉한 로션, 그다음에 더 걸쭉한 크림을 바른다. 세안하고 3분 이내에 바르되, 아이크림은 예외로 토너 다음에 바로 발라 눈가가 건조해지지 않도록 한다. 세안 후에 모이스처라이저를 바르는 시간은 하루 중에 손이 깨끗한 얼마 안 되는 순간일 것이다. 바르는 그 자체에 목적을 두지 말고 스킨케어 시간이라고 생각해라. 얼굴에 펴 바른 뒤의 적절한 지압과 마사지가 피부에 얼마나 도움이 되는지는 말하기 입이 아플 정도다.

모이스처라이즈를 제대로 바르기 위해서는 마사지법을 알아야 한다. 머리 아파할 필요 없다. 얼굴을 양손으로 지그시 눌러가며 시원한 부위를 찾아라. 내가 만져보아 얼굴의 어디가 시원한지 찾아간다는 생각으로 마사지에 흥미와 습관을 들이도록!

적절한 마사지는 제품의 흡수를 돕고 뭉친 근육을 풀어줌으로써 혈액순환을 개선해 안색이 맑아지게 한다. 에센스를 얼굴에서 가볍게 둥글린 다음에 피부과나 피부관리실에서 언니들이 어떻게 발라주었는지 떠올려보자.

1. 턱 끝에서 귀 쪽으로 끌어올리듯 발라주고
2. 코에서 다시 귀 쪽으로 피부결을 따라 쓸어주고
3. 코끝에서 미간을 타고 헤어라인까지 쓸어주고
4. 헤어라인 중심에서 관자놀이를 지나 귀 쪽으로 쓸어주고
5. 콧볼에서 콧대 방향으로 코의 벽을 타고 쓸어준다

그다음에 크림을 바르고 손끝으로 헤어라인, 관자놀이, 귓불을 타고 턱선, 목, 목덜미까지 시원하게 꾹꾹 눌러준다. 귀를 잡아당기기도 하며 뒷목은 손끝에 힘을 주어 위로 쓸어 올린다.

마사지에 대해서는 함부로 이야기하기 힘든데 좋다고 하면 오버해서 아주 강하고 자극적으로 누르는 사람들이 있기 때문이다. 적. 당. 히. 라는 감을 어찌 글로 설명할 수 있으랴. 우리는 전문 관리사가 아니니 아프지 않게 시원할 정도로만 눌러준다.

생소한 이야기는 아닐 것이다. 간혹 잡지에서도 볼 수 있는 마사지

법인데 계속 실천하는 사람은 몇 안 된다. 너무 완벽하게 하려고 들면 지치고 재미없다. 아주 짧은 시간이라도 만져주는 습관을 들이자. 피부에 하나하나 흡수시켜가며 발라야 효과적이듯이 구석구석 흡수시킨다는 생각으로 피부를 만져주자. 5분 정도만 더 투자하면 된다.

겨울이니까 크림을 두껍게?

날씨가 추워지면 크림을 찾게 된다. 그런데 겨울철이라고 두껍게 바르면 역효과가 생길 수도 있다.

잡지를 보면 간혹 여자 연예인들의 스킨케어에 대해 소개한 기사가 실린다. 메이크업이 누구보다 잦은 연예인들이다 보니 스케줄 없이 쉬는 날에는 얼굴이 떡이 되도록 스킨케어 제품을 발라놓고 쉰다고 한다. 잦은 메이크업으로 인한 '건조'를 굉장히 두려워하기 때문이라고. 또는 매일 밤 잠들기 전에 굉장히 많은 제품을 충분히 발라 보습을 한단다.

그러나 이는 오히려 피부를 지치게 만든다. 지친 피부가 영양분을 흡수하지 못해 겉돌면 모공에 쌓여 트러블을 만드는 악순환을 거듭하게 된다. 개수를 줄여 적당히! 곧 보습이 부족하지 않은 정도면 충분하다.

유분이 많고 점도 있는 제품을 건성 피부에 바른다고 하자. 겨울철 찬바람으로부터 피부를 지켜내는 게 사실이지만 겨울의 초입부터 이 같은 관리를 시작해 두 달여가 지났다면 양을 조금 줄여가며 관리해야 한다. 피부는 적응력이 굉장히 뛰어나기 때문에 겨우내 치덕치덕 덧바르면 피부

❀ 너도나도 수분크림?

화장이 잘 지워지고 오후가 되면 번들거리지만 건조가 느껴지는 피부라면 유분 함량이 적으면서 수분 보충에 도움이 되는 수분젤을 바른다. 오후에 메이크업을 수정할 때도 수분젤을 이용하는 것이 좋다. 반면, 화장이 잘 지워지지 않고 번들거리지도 않으며 오히려 각질이 잘 일어나고 푸석해지는 피부라면 유분이 충분한 보습크림이 도움이 된다.

❀ 수분크림/보습크림

큰 차이는 없지만 굳이 나누라면 약간 다르다. 보습크림은 피부에 있는 수분을 보호하는 기능을 하고, 수분크림은 피부에 수분을 공급한다. 즉 보습크림은 장기간에 걸쳐 도움을 주고, 수분크림은 즉각적인 효과를 나타낸다.

보습 제품은 어느 정도 유분기를 함유한다. 고보습은 주로 건성 피부에 많이 사용하고 고수분은 지성 피부나 고보습의 유분기가 부담스러운 피부에 많이 사용한다. 그런데 요즘은 수분크림이라는 이름으로 그 구분이 모호해졌다. 요즘 출시되는 제품들은 그 두 가지를 구분하기 힘들어 어떤 종류인지, 다시 말해 수분 보호와 수분 공급 둘 중 어느 기능에 중점을 두었

는지 물어보고 사는 게 피부에 맞는 화장품을 구매하는 방법이다.

많이 건조하다면서 수분에센스에 수분크림만 여러 개 바르는 사람들이 있다. 촉촉한 피부는 수분만 준다고 해서 되는 게 아니라 유수분 밸런스가 맞아야 한다. 수분은 물론 유분까지 부족한 건성 피부에 수분 공급만 열심히 하고 보습막을 형성해주지 않으면 피부 속 수분을 쉽게 빼앗긴다. 얇은 유분막을 만들어 수분을 지킬 필요가 있다. 수분크림만 바르기보다는 보습크림이 더 효과적이다.

❀ 에센스와 로션을 하나로!

알고 보면 웃기는 말이다. 에센스에 있는 고농축된 대단한 성분을 첨가한데다 두 가지를 바른 만큼 보습 효과까지 있다면 간편하고 좋은 제품이다. 하지만 실제로는 에센스에 가깝거나 로션에 가깝거나 그 중간 정도로 애매하게 만들어 에센스나 로션이나 성분이 별반 다를 게 없는 경우가 많다. 어차피 에센스와 로션을 둘 다 꼬옥 발라야 하는 게 아니라면 그 둘을 굳이 합친 데다 더 많은 돈을 투자할 필요는 없다. 그 두 가지를 발라야 하는 게 원칙이더라도 역시 간편함 외에는 대단한 메리트가 없다.

재생력이 떨어진다.

　화장품의 수를 늘려 두 가지, 세 가지씩 바르기보다, 또는 쓰던 크림의 양을 늘려 2배 정도 덧바르기보다 여름이나 가을에 쓰던 제품 중에 좀 더 점도가 있거나 보습이 뛰어난 제품으로 교체해 사용하는 것이 좋다. 개수를 늘려 바르면 밀리기 쉽다. 심하게 건조해서 둘 이상 덧발라야 한다면 충분한 시간을 두고 흡수시켜야 한다는 점을 잊지 말자.

　건성 피부인 경우에 수분크림으로 건조가 해결되지 않으면 수분크림을 바른 후 페이스 오일을 아주 얇게 발라주어 수분을 좀더 잡아주면 효과적이다. 골고루 잘 펴 바르고 톡톡 가볍게 두드려가며 흡수시킨다.

❁ 피부 산화에 관심을

화이트닝이나 주름 개선에만 신경 쓰고 진짜 중요한 피부의 '산화'는 나 몰라라 하지는 않는가? 건강한 피부를 지치고 힘들게 만들 만큼 유해한 환경에 노출되어 있다. 상한 피부를 되살리는 노력 이전에 피부가 무사히 하루하루를 살아가도록 지켜줄 필요가 있다.

언제부터인가 항산화 성분에 대한 이야기를 굉장히 많이 들어왔다. 도대체 항산화란 무엇일까?

현대인이 앓는 질병의 90%는 활성산소, 즉 프리래디컬이라고도 불리는 유해산소가 원인이라고 알려져 있다. 세포는 신진대사에 필요한 에너지를 발생시키기 위해 산소를 이용하는데 그 부산물이 활성산소다. 환경오염, 자외선, 화학물질, 혈액순환장애, 스트레스 등으로 인해 산소가 과잉 생산된 것이다. 과잉 생산된 활성산소는 몸속에서 산화작용을 일으켜 세포와 DNA를 손상시키고 제 기능을 못 하게 만든다. 몸속만의 문제가 아니다. 활성산소는 피부 세포에 손상을 주고 노화와 기타 염증을 유발한다. 앞서 말한 외부의 유해 환경으로부터 피부를 보호하고 활성산소로부터 피부를 지키는 것이 항산화다. 피부의 근본적이고 장기적인 문제에서 피부를 지켜

내기 위한 노력! 그러니까 무작정 뭔가를 없애고 영양을 공급하려 들지 말고 피부 본연의 방어 능력을 강화하는 데 초점을 맞추자.

❁ 피부 산화를 어떻게 막을까?

이렇게 생각해보자. 정체 모를 고가의 성분을 핑계로 비싸게 받아먹는 크림을 찾기보다 대단한 성분은 없어도 자극 없이 순하고 건조를 막아주는 단순한 모이스처라이저가 어쩌면 피부에 더 좋은 제품이다.

스킨케어의 기본은 클렌징, 자외선 차단, 보습, 피부 자체의 재생력 확보다! 피부 자체의 힘을 길어주어 자연 회복력을 길러주어야 한다. 우리가 장기전에서 이기는 비법이 바로 여기에 있다. 이것만 제대로 해도 노화를 예방하는 데 효과적이다.

화이트닝에 목숨 걸고 모든 제품을 화이트닝에 맞추어 건조하게 살아가는 사람들이 있다. 과한 클렌징은 무시한 채 늘 보습이 부족하다고 탓하는 사람들도 있다. 아무리 현재의 피부 문제 해결에 도움을 주더라도, 기능성의 유혹과 편리함이 따르더라도 스킨케어의 기본에 해가 된다면 과감하게 잘라버려라. 클렌징, 보습, 자외선 차단에 초점을 맞추고 넘치는 부분은 과감하게 빼고 부족하면 채워라.

젤, 크림, 로션, 세럼 중 하나만 이 중 하나만 제대로 써도 충분한데 하나하나 다른 아이템으로 만들어 이 기능 저 기능을 붙여가며 다 써야 한다고 말한다.

주름 생성을 지연, 억제하고 싶은 마음은 모두 같을 것이다. 이를 위해 자외선을 철저히 차단하는 노력을 먼저 기울였다면 이제 외부의 유해 환경으로부터 피부 산화에 대응할 차례다. 단순히 촉촉하고 끈적임 없는 모이스처라이저 한 통에 5만 원이라는 돈을 쓰고 있다면 무지와 무감각에 대한 반성이 필요하다.

성분이 화장품의 전부는 아니지만 모이스처라이저만큼은 성분을 무시할 수 없다. 항산화 성분을 충분히 함유한 모이스처라이저를 사용해 피부 노화를 막아야 한다. 안티에이징의 고기능성 제품에 눈독을 들이기보다는 항산화 성분이 듬뿍 들어간 제품을 찾아 누비는 데 힘을 쏟자. 노화 방지 제품이라고 일컬어지는 연장자용의 독한 스킨케어 제품하고는 다르다. 대단한 기능은 없이 항산화 성분만 듬뿍 든 단순한 모이스처라이저면 된다.

성분 표시는 제품에 많이 함유된 순서로 되어 있다. 예를 들어 진정 효과가 있는 우엉 뿌리를 함유했다고 대대적으로 광고했지만 성분의 끝 쪽에 우엉 뿌리가 쓰여 있다면 그 효과는 미미하다고 할 수 있겠다. 국내 거의 모든 브랜드에서 자사 제품에 항산화 성분이 들었음을 강조한다. 듣도 보도 못한 게 매번 개발되고 발견되어 탁월한 효과가 있다면서 전혀 입증되지도 않는 성분을 들이댄다. 그리고 아주 쥐똥만큼 넣어놓고는 그게 마치 제품을 대변하는 양 이야기한다. 그들이 말하는 항산화 성분을 맨 꽁다리에 넣어놓고는 그렇게 광고한다. 재생에 도움을 주는 콜라겐 성분이 함유되었더라도 끄트머리에 붙어 있는 콜라겐 성분은 재생과 주름 완화에 미치는 효과가 미미하다.

항산화 성분이 들어 있는 모이스처라이저를 20대부터 지속적으로 사용하면 노화 예방에 분명히 좋다. 그러나 어디까지나 항산화 성분의 모이스처라이저를 쓰라는 것이지 노화에 대응하기 위한 주름 개선 제품, 화이트닝 제품, 늘어난 모공을 위한다는, 진짜 위해주는지 알 수 없으나 그렇다고 말하는 제품을 20대부터 바르라는 말은 절대 아니다.

화장품 회사들은 20대부터 노화를 예방해야 하니 항산화 제품을 사용하라고 추천하기보다 주름 개선 제품을 추천한다.

자, 나이를 한 살 한 살 더 먹어간다는 이유로 고가의 브랜드, 흔히 30대 이상이 쓰는 브랜드에 입성할 필요는 없다. 절대로! 스킨케어를 20대에 아주 잘해서 비록 30대가 되었지만 건조도 못 느끼고 큰 문제가 없다면 그냥 쓰던 선에서 써주는 편이 더 좋다. 괜히 나이 먹었다고 고가의 엄마들 브랜드에 뛰어들었다가는 여태 잘 지켜온 피부에 금이 가는 수가 있다. 30대 초반의 잔주름, 다크서클 등의 고민 역시 화장품에 기댈 문제가 아니다.

건성 피부, 아줌마를 따르라

06

단 한 순간도 건성 피부로 살아본 적이 없지만 건성 피부인 사람들의 고민과 고통만큼은 누구보다 잘 안다고 자부한다. 그럴 수밖에 없는 환경적인 요인이 있었으니, 가까운 친구들이 모두 약속이나 한 듯 하나같이 건성 피부였다. 블로그에 하루 1,000명 정도 방문할 때만 해도 화장품은 각자 알아서들 사 쓰고 관리실도 다니고 하더니 방문자가 5,000명을 넘어서자 나한테 들러붙기 시작했다. 과한 유분이나 트러블에 시달린 나로서는 건조하다고 괴로워하는 친구들을 보며 배부른 소리라고만 생각했었다.

"차라리 건조한 게 낫지. 건조하면 덕지덕지 바르면 될 것 아냐?"

그러나 한겨울이면 실핏줄이 터지고 붉어지는 얼굴들을 보니 어쩐지 나의 좁쌀 여드름이 한결 편안해 보였다. 이 정도의 악건성은 몇 명 안 되더라도 백화점에 가면 늘 영양크림만 살피는 건성 피부인 친구들이 여럿이다. 쩍쩍 갈라지는 피부를 나 몰라라 할 수 없었다.

그중 나와 오랫동안 알고 지낸 친구가 있다. 소싯적부터 담배를 즐기던 친구였는데, 즐긴다고 할 수도 없는 것이 많이 펴야 하루 두 개비였다. 당시 술독에 빠져 살던 나는 정작 술 끊을 생각은 하지 않고 담배를 끊으라며 친구를 압박했다. 그러던 어느 날 그 친구는 무슨 심경의 변화가 있었는지 담배를 끊었다고 자랑스럽게 이야기하는 게 아닌가. 그보다 더 놀라웠던 것은 담배를 끊은 지 한 달이 지나면서부터 그 친구의 피부에 일어난 작은 변화였다. 사시사철 가릴 것 없이 건조해 각질이 일어나는 피부였는데 늘 달고 살던 하얀 각질들이 완전히 사라졌다. 극심한 건조 증상도 훨씬 줄어들어 영양크림 하나로 겨울을 무사히 날 정도였다. 그 후로 스킨케어에 대한 어려움은 크게 줄어들어 크림을 한 통 비울 즈음 무슨 크림으로 구입할지 정도를 고민하는 수준이 되었다.

꿀물, 아줌마를 만나다

어김없이 크림을 추천해달라고 해서 뭐가 좋을까 고민하고 있던 어느 날, 꼭두새벽부터 미모의 아줌마와 이야기할 기회가 생겼다. 같은 클럽에서 운동하는 아줌마였는데 수영, 에어로빅부터 골프, 웨이트트레이닝까지 늘 두 가지 이상의 운동을 하며 클럽을 휘젓고 다니는데다 예사롭지 않은 복장 덕분에 클럽에서 그 아줌마를 모른다는 것은 거의 불가능에 가까웠다. 내가 운동을 좀 열심히 하는 것처럼 보였는지 에어로빅도 같이 하라고 접근하는 바람에 어느 순간 우리는 눈인사를 나누는 사이가 되었다.

하루는 운동을 끝내고 샤워를 하고 나왔는데 그 아줌마가 벌써 다 씻고 온몸에 골고루 로션을 챙겨 바르고 있었다. 몸매 관리에 오전 시간을 몽땅 투자하는 아줌마여서 나는 관심 있게 지켜보았다. 역시 내 뇌리에 각인된 '극성' 이미지에 맞게 로커에서는 3개나 되는 바구니가 나왔다. 목욕용품 한 바구니와 화장품 두 바구니. 10년 이상을 쭉 그렇게 관리해왔는지 그 많은 걸 챙겨 바르는 손놀림이 거의 장인 수준이었다. 그냥 아줌마였다면 대수롭지 않게 생각했겠지만 도저히 나이를 가늠하기 힘든 외모와 세련된 자태에 어느 순간 중독되어 한 수 배워야겠다는 생각만 머릿속에 가득해졌다. 그 전까지 내가 아줌마를 거부했다면 그때부터는 슬슬 내가 접근하기 시작했다.

나의 접근 방식이라 함은 소리 내어 인사하는 것부터가 시작이다. 적극적인 인사에 기다렸다는 듯 "아, 예쁜이, 안녕!" 얼굴의 모든 근육을 동원한 과장된 웃음과 표정, 우렁찬 목소리. '예쁜이'라는 호칭은 내가 정말 예뻐서라기보다 "니가 아무리 젊어도 내가 더 예쁘다"는 말로 들렸다.

그날 나는 2단계까지 접근하기로 결정하고 아줌마의 페이스에 맞추어 2시간 30분을 클럽에서 보냈다. 하루 1시간 이상은 운동하지 않는 나에게 이것은 상당한 오버였다. 샤워하러 간 아줌마를 따라 들어가 같은 속도로 씻고 함께 나왔다. 그리고 보디로션을 안 가져왔으니 좀 빌려달라고 했다. 아줌마는 흔쾌히 빌려주었고, 겨우 2단계까지 진도를 뺀 상태에서 이것저것 술술 토해내기 시작했다. 뭔가를 푹푹 떠서 바르는가 싶더니 5분 이상을 마사지하기에 가만히 쳐다보고 있었다.

"내가 수십만 원짜리 크림들을 다 써봐도 이만한 효과를 못 봤다니까. 건조한 데는 이게 최고야."

아줌마는 광고 카피보다 더 강렬한 포스로 나를 낚았다. 큼직하게 생긴 케이스만 보고 몸값 좀 나가겠다고 넘겨짚은 나는 아줌마가 마사지하는 틈을 타 제품을 확인했다. 놀랍게도, 아니 어이없게도 그것은 참존 마사지 크림이었다. 마사지 크림, 잘 알지. 일일 드라마에 단골로 등장하는 아줌마들의 필수 아이템! 그런데 그거 밤에, 자기 전에 사용하는 거 아니었어? 순간, 뇌리를 스치고 지나가는 번뜩이는 그 무엇. 누가 마사지 크림을 아줌마만 쓰라고 했던가! 누가 밤에만 쓴다고 했던가!

마사지 크림에서 뭔가를 느낀 나는 시중에 나와 있는 국내외 브랜드 제품 중 10개 정도를 구해 사용해보았다. 어차피 건조한 친구들한테 주면 되니 어느 때보다 과감하게 사들였지만 클럽의 아줌마 회원들과 친해지니 다섯 가지 제품 정도는 쉽게 얻어 쓸 수 있었다. 그 과정에서 마사지 크림의 다양함에 한 번 놀라고, 업그레이드된 효과에 두 번 놀랐다!

이름도 촌스럽기 그지없는 '콜드크림'은 잊어야 한다. 아줌마들만 쓰는 한물간 뷰티 아이템이란 생각을 버리는 순간, 우리의 푸석했던 뷰티 역사는 다시 쓰여질 수 있다. 건조하고 메말라 늘 들뜨는 화장에 질렸다면 아줌마들의 비밀 병기인 마사지 크림을 다시 보자.

우선 마사지 크림으로 마사지를 하면 칙칙한 피부가 환해지는 효과가 있다. 마사지하는 동안 피부 마찰로 인해 피부 온도가 상승해 피지선과 모세혈관의 기능이 활성화된다. 이때 모공이 열리고 뭉친 조직이 풀어지면서 각질을 비롯한 노폐물과 피지가 배출된다. 피부의 혈액순환이 좋아지고 노폐물 제거 효과가 뛰어나기 때문에 건조하고 탄력이 떨어져 초기 노화가 시작되는 피부에 사용하면 확실한 효과가 있다.

이 드라마틱한 마사지 크림 이야기는 잘 알고 있었으면서도 그동안 나에게 어필하지 못했다. 이유는 단 하나. 그냥 아줌마들의 전유물 같았거든.

여러 종류의 마사지 크림을 사용해 효과를 보기까지는 그리 오래 걸리지 않았다. 별도의 각질 관리 없이도, 이름난 수분크림의 도움 없이도 찰지게 변신해버린 피부에 놀라지 않을 수 없었다. 곧바로 대여섯 개를 친구들에게 선사했는데 얘네의 반응은 더 극적이었다.

"비싼 영양크림보다 이거 하나가 훨씬 낫다! 건조한 데는 진짜 이게 최고야!"

구관이 명관, 마사지 크림

마사지 크림의 효과가 굉장히 뛰어나서라기보다 '마사지 크림'이라는 이름 자체의 올드함과 클래식함으로 인해 전혀 기대를 안 하고 사용하기 때문이 아닐까. 그러다 보니 사용해본 건성 피부들은 거의 모든 면에서 기대 이상이라고 말한다. 마사지 크림의 매력은 150ml 이상의 대용량이라는 것과 부담 없는 가격이다! 아줌마들이 아낌없이 떠서 비빌 수 있는 것도 용량 대비 저렴한 가격 덕분이다. 잠들기 전 단 5분의 투자로 생기 있는 피부를 만드는 건 물론이요, 아침 시간에도 잘만 활용하면 메이크업 전에 사용하는 고가의 시트 마스크 부럽지 않은 효과를 거둘 수 있다. 건조한 친구들이 열광한 것도 이 때문이다.

자기 전 5분 마사지로 촉촉하고 탄력 있게 변신하는 것쯤이야 좋은 크림이나 수면팩으로 가능하다. 진가는 미처 관리하지 못하고 잠들어버린 다음 날 아침, 갑작스레 잡힌 약속 전에 발휘된다. 5분 정도만 잘 마사지해도 숙면을 취한 뒤에 메이크업을 한 듯 들뜨지 않고 화장이 잘 먹는다.

충분한 마사지는 오전의 부기가 빠른 시간 내에 사라지도록 돕는다. 메이크업 전에 사용해보도록 친구들에게 권했던 이유는 메이크업 전 건조한 피부에 효과적인 고가의 페이스 오일이나 시트 마스크에 비해 훨씬 저렴한 가격인데다 제품 자체가 마사지를 안 할 수 없게끔 되어 있어 5분간은 귀찮아도 그 만족감이 오래갔기 때문이다.

나도 친구들도 요즘 건조하다거나 각질이 뜬다고 울부짖는 사람들을 만나면 좋은 수분크림이나 영양크림을 추천하기에 앞서 마사지 크림을 추천한다. '각질 제거는 무조건 스크럽'이라는 공식대로 관리하는 건성들을 만나면 일단 뜯어말린 후에 마사지 크림을 사용해보라고 권한다. 건조는 곧 노화의 시작이라며 고기능성 제품을 물색하기 시작하는 친구들을 만나도 일단 마사지 크림부터 권한다.

건성 피부는 보통 유분과 수분이 모두 부족하다. 밤 시간을 이용한 보습과 재생 케어에 공을 들여야 한다. 30대 이하의 젊은 피부라면 고영양, 노화 방지, 주름 제거, 탄력 크림을 꼼꼼히 챙겨 바르기보다 꾸준한 마사지와 기본 보습에만 충실해도 충분하다. 30대에 접어들었어도 건강한 피부를 자랑한다면 관리는 마찬가지다.

마사지 크림을 사용한 친구들의 만족은 변화된 피부가 전부는 아니다. 2만 원짜리 마사지 크림으로 관리하기 시작하면서 굳게 된 몇 만 원이 그들을 배시시 웃게 만든다. 요즘은 고가의 크림에 들어가는 비싸고 귀한 성분들이 첨가된 6~7만 원대의 마사지 크림도 인기다. 10만 원을 호가하는 제품들도 있다. 물론 스킨케어에 아낌없이 투자하는 아줌마들의 이야기다.

사용해보니 역시 좋은 제품이었으나 2만 원대 제품과 비교해 값어치를 전혀 느끼지 못했다. 저렴한 마사지 크림으로도 충분히 효과를 볼 수 있었기에 비싼 제품은 추천하고 싶지 않다.

저렴한 마사지 크림으로 탁월한 효과 구하기

메이크업 전에 사용할 때는 마사지 크림이 남지 않도록 말끔히 닦아내는 것이 중요하다. 이때 물 세안을 하거나 티슈오프 타입일 경우 스팀타월을 이용해 닦아내면 깨끗하게 닦여 화장이 밀리지 않고 2배로 잘 먹는다. 자기 전에는 마사지 크림만 사용하고 닦아내는 것으로 끝낸다. 워시오프 타입인 경우 물 세안 후에 토너와 모이스처라이저만 바르고 자도 충분하다. 다음 날 달라진 피부를 느끼게 될 것이다.

고기능 에센스나 마스크가 있다면 마사지 크림을 닦아낸 후 바르고 자자. 노폐물이 깨끗이 제거된 상태에서 모공까지 열려 있으니 보습 성분이 더욱 깊숙이 전달되어 효과가 빠르다. 건성 피부는 사계절 내내 사용하면 좋다. 그러나 겨울에는 건조하고 여름에는 피지 분비가 활발하다면 여름에는 사용을 자제하자.

마사지 크림은 잘 비비고 문지르는 것이 포인트이다. 지압점을 자극하면 부기가 제거되고 혈액순환이 좋아져 빠른 시간 내에 맑아진 안색을 확인할 수 있다. 지압점에 대한 정보는 인터넷을 뒤져 쉽게 찾을 수 있다. 번거롭다 생각하지 말고 말고 기본적인 테크닉을 익혀 2배의 효과를 거두자.

다른 제품도 마찬가지지만 마사지 크림은 꾸준한 사용이 중요하다. 건성 피부라고 해서 습관적으로 매일 사용할 필요는 없다. 평소에 기본적인 스킨케어는 하므로 월수금, 화목토 하는 식으로 요일을 정해놓고 무조건 지킬 필요도 없다. 아침저녁 꼼꼼히 피부를 확인하면서 유난히 건조하고 푸석한 느낌이 강할 때 사용해주면 된다.

건성 피부인 경우에는 각질 관리와 보습을 동시에 해결한다는 생각으로 일주일 1~2회 정도 잊지 않고 해주면 피부의 모세혈관 벽이 튼튼해져 건강한 혈색 유지는 물론 주름까지 예방하는 효과가 있다. 중성 피부라

1. 클렌징을 완전히 마친 후 양손을 비비고 주물러 유연하게 풀어준다. 손이 뻣뻣하면 마사지도 부자연스럽고 괜히 힘만 더 들어간다.

2. 스팀타월을 준비하면 좋다. 번거롭게 생각할 필요 없다. 세안 직후 수건을 뜨거운 물에 적셨다가 꼭 짜서 얼굴을 감싸 모공을 열어주고 손은 마른 수건으로 닦는다. 사우나나 샤워 후에 사용하는 습관을 들이면 더 간편히게 효과를 볼 수 있다.

3. 지름 2~3cm 정도의 양을 손바닥에 덜어 체온과 비슷해지면 얼굴 안쪽에서 바깥쪽으로, 아래에서 위쪽으로 끌어올리듯 마사지한다. 평소 사용하는 크림의 3~4배 양이라고 보면 된다. 넉넉하게 펴 발라야 마찰로 인한 피부 부담이 없다. 가운데 세 손가락을 주로 이용하되 손끝을 세우지 말고 살이 볼록한 끝마디 전체를 이용해 마사지한다.

4. 목을 마사지하는 것도 잊지 않도록 한다. 목은 손바닥 전체를 사용해 아래에서 위로 쓸어준다. 고가의 넥 크림 못지않은 효과가 있다.

5. 노폐물이 다시 모공 속으로 들어가는 일이 없도록 마사지 시간은 3~5분 정도로 한다.

6. 마사지가 끝나면 크림을 제거한다. 티슈로 닦아내는 티슈오프 타입과 물로 쉽게 헹궈지는 워시오프 타입이 대표적이다.

면 일주일 혹은 열흘에 1회 사용만으로도 충분하다. 특히 U존만 유난히 건조한 복합성 피부는 U존 부위에만 사용하는 것도 효과적이다. 직접 사용해보면 알겠지만 약간의 건조 외에 별 문제가 없는 건강한 피부에 마사지 크림을 사용하면 별도의 각질제거제 없이도 각질로 인한 불편함을 못 느끼게 된다. 피부의 윤기, 안색, 촉감에 별 문제가 없으면 굳이 각질제거제를 챙길 필요는 없다.

건성 피부에는 보통 세 가지 이상의 모이스처라이저를 바른다. 에센스, 로션, 크림뿐만 아니라 크림만 두 가지 이상 바르는 사람들도 쉽게 찾아볼 수 있다. 유수분이 많이 부족하기 때문에 '보습'이 누구보다 중요한 사람들이다. 하지만 아무리 건성이라도 지나친 유분 공급은 오히려 트러블을 유발한다는 점을 잊지 말아야 한다. 하나 둘씩 바르는 모이스처라이저에는 수분뿐만 아니라 유분도 상당량 들어 있다.

건성 피부라는 이유로 가뜩이나 유분이 많은 제품을 쓰는데 개수가 더해지면서 필요 이상의 유분을 끼얹는 경우가 흔하게 발생한다. 트러블만큼이나 문제가 되는 것은 과한 유분으로 인해 각질의 정상적인 탈락이 방해를 받는 것이다. 분명히 촉촉해지라고 여러 개를 덧발랐는데 일시적일 뿐이다. 오히려 피부는 거칠어지고 시간이 지나면서 각질이 들뜨고, 그래서 점점 더 덧바르는 악순환이 반복된다. 건성 피부라도, 또 두세 가지를 바르더라도 시간 간격을 두어 잘 흡수시키면서 '적당량'을 바르는 것이 중요하다.

모이스처라이저만 무작정 덧바르기보다 마사지 크림을 이용한 마사지 습관을 들이자. 피부 상태가 호전되면서 기초 단계는 줄어들고 메이크업 시 제품이 밀리는 일도 덜해진다. 또한 무조건 더 좋은, 더 촉촉한 모이스처라이저를 찾기보다 피부를 건조하게 만드는 생활습관을 바로잡는 게 우선이다.

물을 많이 마시고, 담배는 일단 끊고 볼 일이다. 담배를 끊지 않은 채

✿ 참존 뉴콘 – 200g, 2만 원대

마사지 크림의 지존인 참존 콘트롤 크림의 업그레이드 버전이다. 다양한 종류와 가격대의 마사지 크림이 있지만 모두 참존 콘트롤의 아류라고 감히 말하고 싶다. 제품 전체를 통틀어 이 가격에 이만한 제품이 없다. 건성, 중건성 등 중성에 비해 건조한 피부에 사용하기 적합한 제품이다.

✿ 마몽드 플라워 비타민 마사지 – 200g, 2만 원대

기존 마사지 크림에 비해 유분감이 덜하다는 것이 가장 큰 장점이다. 중성, 중지성 피부에 사용하기는 이 제품이 딱이다. 향도 상큼하지만 무엇보다도 마무리감이 산뜻해서 번들거림이나 리치한 사용감을 부담스러워하는 사람들에게 알맞다.

스킨케어에 많은 돈을 투자하는 것은 밑 빠진 독에 물 붓기나 다름없다. 일시적인 효과는 있을지 모르나 반드시 한계에 부딪히게 된다. 또한 관리를 멈추는 순간 그동안 들인 노력과 돈이 아무것도 아닌 게 되어버린다.

주로 머무는 공간이 건조하지 않도록 가습기를 이용하면 좋고, 그게 불가능하다면 옷걸이에 젖은 수건을 걸어두자. 사무실 책상 주변을 흉측하게 만들지 않는 예쁜 수건을 하나 구입해 반으로 접은 다음, 양끝을 남기고 한가운데를 중심으로 물을 적신다. 그다음 철사 옷걸이 같은 데 걸어 가까이에 두면 가습 효과가 있다.

가습기는 깨끗하게 사용하지 않으면 오히려 세균이 번식할 위험이 있기 때문에 요즘은 참숯이나 수경재배가 가능한 식물을 가습기 대신에 많이 이용한다. 인터넷에서 '수생식물', '수경식물'을 검색하면 관련 정보를 얻을 수 있다. 책상 한켠에 화분 하나. 예쁜 리본으로 묶어 선물하면 다들 좋아한다. 이제 친환경적인 스킨케어를 시작해보자.

불순한 재생크림

07

잠자는 동안에도 관리가 이루어진 듯한 뿌듯함을 안겨주는 수면팩, 수면 크림에 관심을 안 가질 수 없다. 피부에 충분한 수분이 공급되면 자고 일어나 아침에 왠지 팽팽해 보이고 뽀샤시해 보인다. 당연하다. 겉으로만 좋아 보이는 게 아니라 실제로 좋아지고 싶으면 재생크림만한 것이 없다. 물론 '저자극'이라야 한다.

흔히 화장품 광고 문구를 보면 낮과 밤, 각기 다른 생체리듬에 맞추어 피부를 관리한다는데 정말 낮과 밤에 따라 피부세포의 활동이 다를까? 정말 밤에 바르면 영양이 더 집중적으로 공급될까? 자체 실험이 없었으니 뭐라고 말하기는 힘들다. 다만 내 경험에 의하면 새벽 5시에 재생크림을 바르고 낮 12시에 일어나도 피부가 살아났다.

남자 친구가 날 버리고 다른 여자를 만난 고등학생 시절. 증오와 복수심에 불타오르는 순간에도 나는 두 다리 쭉 뻗고 푹 잤다. 전교에서 손에 꼽힐 정도로 일찍 등교하고, 딴짓하느라 바빠 수업을 안 들으면 몰라도 낮잠은 자지 않던 나는 밤마다 베개에 머리만 닿아도 바로 곯아떨어졌다.

한 살 한 살 먹으면서 이래저래 하고 싶은 걸 다 챙겨 하다 보니 줄일 것은 잠밖에 없었다. 그런데 하루 4시간을 자도 절대 4시간을 잔 피부 같지 않다. 고질적인 트러블이 올라올지언정 푸석거린 적은 없다. 2시간을 자도 "잠 못 잤어?"란 말 따위는 들어본 기억이 없다. 흔히 신경 쓰는 나이트케어도 안 한다. 아무리 밤이라도 두 가지 이상은 잘 안 바른다. 귀찮고 답답한데다 베개에 묻는 것도 싫다. 애써 챙겨 발라줄 때도 있지만 사실 나는 겉으로 극성을 떨어도 절대 많이 안 바른다. 그러나 피곤할수록 꼭 챙겨 바르는 것이 있으니 바로 재생크림이다!

남용 말자, 재생크림

점을 빼고 난 뒤에는 딱지를 절대 떼지 말고 딱지가 바로 떨어지지 않도록 주의해야 한다. 만지지도 말고 해당 부위가 오염되지 않도록 신경을 써야 한다. 알코올 성분의 토너나 자극 있는 제품은 사용하지 말고 보습 제품만 곱게 발라주면 좋은데 이때 재생크림이 딱이다.

첫날은 병원에서 준 연고를 바르고, 화장품을 발라도 되는 이틀째부터 보습과 재생을 신경 쓴다. 클렌징 때문에라도 가급적 메이크업은 피하는 편이 좋고, 꼭 메이크업을 해야 한다면 최소한으로 한 뒤에 민감성 피부용 클렌저를 이용한다. 딱지 아래 새살이 차오르는 데도 좋고, 보통 딱지가 떨어지면 바로 재생에 돌입하는데 이때 발라주면 보습과 재생효과를 동시에 얻을 수 있어서 좋다.

피부과 필링 시술을 받은 후라면 AHA 성분은 피하는 것이 좋다. 필링은 알맞게 잘하는 병원에서 제대로 시술을 받는 것도 중요하지만 재생 관리도 굉장히 중요하다. 필링을 하고 나면 인위적으로 각질층을 벗겨냈기 때문에 피부가 일시적으로 더 예민해지고 건조함을 느낄 수 있다. 이때 수시로 미네랄 성분이 함유된 미스트로 수분을 공급하고 재생크림을 챙겨 바른다. 또한 자외선 노출은 심각한 자극을 불러일으킬 수 있다. 자외선 A와 B를 모두 차단하는 자외선 차단제를 바르되 반드시 반복해서 덧발라주어야 한다.

한두 주는 마사지나 스크럽을 하지 않는 것이 좋다. 사우나는 물론이고 수영도 삼간다. 땀을 많이 흘리는 운동도 당분간은 피하자. 필요에 따라 냉찜질을 하거나 보습과 진정 관리만 한다.

붉은 상처, 피부과 시술 후의 피부 재생에 도움이 되는 재생크림이 있다. 그러나 딱히 재생할 것도 없는데 그놈의 몹쓸 욕심 때문에 멀쩡하게 피부 좋으면서 재생크림을 찾는다. 그리고 산다.

새살이 솔솔 돋아나 피부가 더 좋아질 것 같지만 그 재생크림이란 단지 각질을 일시적으로 없앰으로써 밝아 보이고 환해 보이고 매끈해 보이게 만들어 마치 재생된 듯 보이게 하는 것이다. 재생시키는 크림이 아니라 각질을 탈락시켜 재생이 되도록 만드는 크림이다.

흔히 '리뉴얼'이라고 쓰여 있는 재생크림 혹은 에센스는 재생 성분으로 피부 재생을 돕기보다는 각질 제거를 원활히 하게끔 하여 피부 재생 주기를 정상화하는 것들이 대부분이다. 각질을 제거해 즉시 매끈한 피부로 만들어 줄 뿐이다. 재생 기능이 있다고 말로만 이야기하는 각질 제거 크림 혹은 각질 제거 세럼에 불과하다.

재생에 좋은 천연 성분이 들어 피부의 재생을 돕는 제품이 있는 반면, 각질의 원활한 탈락을 돕는 화학 성분이 들어 있어 피부가 빠르게 재생하도록 돕는 재생크림이 있다. 둘 다 재생크림이다. 그러나 후자의 경우 자외선을 철저하게 차단할 수 없다면 가급적 오전에는 사용하지 않는 것이 좋다. 오히려 피부에 해를 입힐 수 있기 때문이다.

나이트 크림 없이 하는 나이트케어라고 생각하자. 나이트 크림이 필요 없다고 해서 그 자체가 나쁘다는 뜻도 아니고 세포 재생이 활발해지는 수면 시간을 무시하는 것도 아니다. 피부가 노폐물을 배출하고 새로운 영양을 공급받는 시간을 어찌 무시하랴. 다만 시중에 나와 있는 나이트 크림이라 불리는 제품들이 기대만큼 피부 재생을 돕지 못한다는 말이다. 굳이 따로 구입할 것 없이 제대로 된 보습크림을 밤낮으로 바르는 편이 훨씬 나을 수도 있다. 얼굴에 바르는 화장품의 영양 성분이 잘 흡수되는 시간, 효능이 훨씬 잘 발휘되는 시간이 밤 시간이라고 착각하는 사람들이 있다. 그저 피부 재생이 활발해지는 시간일 뿐이다. 그래서 깨끗하게 클렌징한 후

적절한 유수분을 공급하면 피부에 좋다. 이를 오해해서 밤에는 얼굴이 주는 대로 다 받아먹는다고 생각하면서 온갖 좋은 건 다 갖다 바르는 사람들이 있다. 자칫 피부가 쉬지 못해 재생을 방해할 수도 있음을 알아야 한다. 제품을 바꿔 바르기는 해도 나는 밤이라는 이유로 절대 개수를 하나 이상 늘리지 않는다. 고농축 제품이나 영양이 충분한 제품을 발라 자연적인 재생을 도와야지 재생시키기 위해 뭔가를 마구 주입하지는 말자.

❋ 줄리크 엘더크림 – 40ml, 4만 5천 원대
줄리크에서 쓸만한 몇안되는 제품중 하나! 그러나 정말 쓸만한 제품. 수많은 마니아를 몰고다니는 엘더크림이다. 냄새가 고약해서 함부로 추천하기는 힘들지만 자극이 없고 효과 좋은 제품이다. 사용할 때는 얼굴과 목에 잘 펴 바른다. 성형외과나 피부과에서 처방하는 달팽이 크림보다 더 좋다.

❋ 스킨수티컬즈 레티놀 1.0 – 30ml, 6만 5천 원대
고르지 못한 피부톤과 탄력 없는 피부를 위한 제품이다.

지성이라면 레티놀 제품, 비타민 C, E 제품을 바르는 것이 좋다. 효과적인 재생크림은 중성이 쓰기에도 조금 유분이 과하다 싶을 정도. 지성 피부가 쓰기에는 적당하지 않다. 상피세포 재생을 촉진해 뾰루지로 인한 상처 회복에 효과적인 레티놀 제품을 바르는 것이 낫겠다. 스킨으로 정돈하고 알로에 겔을 덮어 일단 진정시킨 후 레티놀을 바르고 잔다.

피부를 진정시켜라

08

화장품에서 진정 성분과 그 효과를 살피는 일은 굉장히 재미난 작업이라고 생각한다. 최근 유행했던 식물 성분이나 자연주의나 모두 거품만 가득한 과대광고로 남아버렸다. 이 씁쓸함. 식물 성분이 무조건 순하지도 않을뿐더러 자연주의도 그것을 표방할 뿐 제품에 완전히 적용하지도 않았다.

화장품은 자극이 없을 가능성보다 있을 가능성이 더 크다. 이때 진정 성분이 첨가된 제품이 도움이 된다. 그러나 '수딩'이라 쓰여 있다고 진짜 진정 효과가 있을 거라고 믿거나 기대해서는 안 된다. 절대 그렇지 않다.

붉은 기 있는 피부　　　이 경우에는 제품 사용에 신중해야 한다. 자극 없는 클렌저를 사용하고 메이크업도 약하게 하는 것이 좋다. 짙은 메이크업은 그만큼 과도한 클렌징을 필요로 하기 때문이다. 게다가 자외선에 노출될 경우 붉은 기는 더 악화되기 싶다. 자외선 차단제를 꼼꼼히 챙겨 바르고 자연 항산화 성분에 주목한다. 항산화제가 들어 있는 크림, 진정 효과가 있는 모이스처라이저를 사용하자.

❋ MD 스킨케어 레드네스 수딩 세럼 – 30㎖, 12만 원대

스킨케어 제품 역시 너무 다양하게 사용하기 보다는 꼭 필요한 2~3개로 한정해서 쓰는 것이 오히려 진정에 도움이 된다. 붉은 기가 심할 경우 피부과 시술을 고려해 보는 것도 좋다. 붉은 기에 대한 원인은 각각 다르겠지만 레이저 치료로 꽤 효과를 볼 수 있다. 심하지 않은 경우 홈케어 제품으로 붉은기가 완화되는 효과를 기대해 볼 수도 있다. 이 제품은 에센스 타입으로 아침저녁으로 발라주면 약간의 붉은기 정도는 가라앉는 효과를 볼 수 있는 제품이다.

❋ 에피큐렌 알로에 베라 젤 – 60ml, 2만 2천 원대

그동안 수많은 알로에 젤을 써봤지만 이만한 제품이 없었다. 알로에 제품 중에서는 고가인 편이지만 바르고 잔 다음날 일어나면 확실한 진정효과를 실감할 수 있다. 얼굴이 많이 민감해 졌을때는 아무것도 바르지 않고 세안 후 이것만 2~3차례에 걸쳐 덧바르고 자는데 다른 알로에 젤보다 당김은 좀더 적으면서 진정이나 보습효과는 더 나은 편이라 비싸도 이것만 고집하게 된다. 나는 다니는 피부과에서 주로 구입하는데 인터넷에서도 구매할 수 있다. 오래오래 사용할 완소제품!

　　필링 같은 피부과 시술 후에 급격히 건조해지고 예민해진 피부에는 진정 제품이 중요한 역할을 한다. 기능성 제품은 잠시 쉬고 수분을 잃지 않도록 보습에 신경 써야 한다. 자외선에 더욱 민감해진 상태이므로 자외선 차단제는 기본. 진정을 위한 토너, 크림, 알로에가 도움이 되고 5일 정도 지나면 사용하던 시트 마스크를 차게 만들어 이용하자.

갑자기 트러블이 올라오면 각질 제거부터 하려고 드는 사람들이 있는데 일시적인 경우에는 일단 건드리지 말고 진정 위주로 관리한다. 곪으면 짜고 나서 소독한다. 그 후에도 가라앉지 않고 지속된다면 피부과를 찾아가는 것이 좋다. 우리는 보통 사무실, 학교, 집 등 실내에 머무는 시간이 많다. 밖에서 장시간 머무를 일이 많지 않은 것이다. 그러나 골프를 즐기는 사람이라면 4시간을 꼬박 태양 아래 서 있어야 한다. 선크림, 모자 등으로 자외선을 차단하더라도 오랜 시간 열기에 노출되어 피부가 거칠어질 수 있다. 별다른 것 없이 알로에를 듬뿍 발라 진정시키면 도움이 된다.

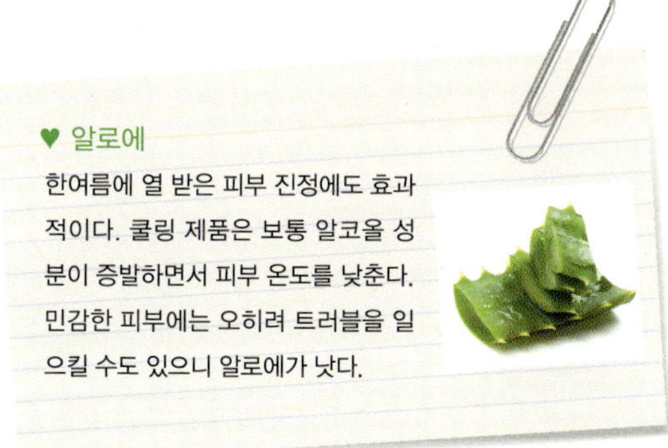

♥ 알로에

한여름에 열 받은 피부 진정에도 효과적이다. 쿨링 제품은 보통 알코올 성분이 증발하면서 피부 온도를 낮춘다. 민감한 피부에는 오히려 트러블을 일으킬 수도 있으니 알로에가 낫다.

❋ 바이진 티어즈 – 15ml, 3천 원대

내 친구들의 파우치 필수품이다. 소문이 났다. 그 소문을 맨 마지막에 집어든 게 나다.

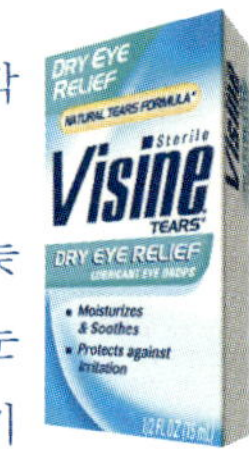

바이진은 단순 안구 건조만이 아니라 충혈을 제거하는 안약이다. 늦은 시간까지 촬영에 임하는 배우들이 즐겨 쓰기로 유명하다. 벌건 눈을 완화하는 바이진이 작은 붉은 기에도 효과적이라는 사실! 갑자기 코밑이 헐기라도 한 듯 붉어졌을 때 사람을 만나면 좀 민망하다. 그때 면봉을 이용해 발라주면 붉은 기가 진정된다. 눈에 넣는 제품이라 자극은 걱정하지 않아도 된다. 단, 붉어진 국소 부위에만 사용해야지 붉게 헐어버린 듯한 부위에 바르면 고통이 뒤따른다. 그나저나 안약 이야기가 나와서 말인데 굳이 안구건조증 환자가 아니라도 의식적으로 눈을 깜박여주는 게 좋다. 인공 눈물은 건조로부터 그때그때 지켜줄 뿐 안구 건조를 치료하지는 못한다. 특히 정신을 놓고 눈을 부릅뜨게 되는 컴퓨터나 텔레비전 모서리에 이런 글귀를 붙여두자.

"눈을 많이 깜빡이세요!"

문득 글귀를 보고 의식적으로 눈을 깜박이거나 잠시 감고 있게 된다.

❋ 누들앤부 슈퍼 소프트 로션 – 237ml, 2만 8천 원대

❋ 캘리포니아 베이비 모이스처라이징 크림(카밍)
– 60g, 3만 원대

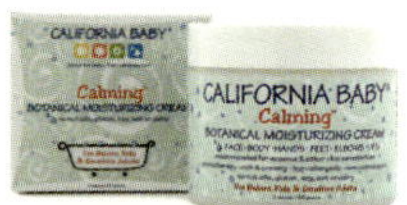

많이 민감하다면 민감성 스킨케어 제품을 찾기보다 베이비제품을 쓰는 것이 훨씬 도움이 된다. 이때 중요한건 단순히 광물성오일로 만들어진 저가의 제품은 꼼꼼히 살펴 피해야 한다.

안티에이징 중독에는 약도 없다

09

피부에 돈을 쏟아 붓는 만큼 피부를 위한 음식을 찾아 먹는 것도 똑똑한 습관이다. 비타민 B, C, E, 코엔자임 Q10이 풍부하게 함유된 항산화 음식을 꾸준히 섭취하면 안티에이징 효과가 있다. 처음에야 어렵겠지만 익숙해지면 정말 별것 아니다.

기능성 제품 욕심쟁이는 되지 말자

주름에 색소침착, 보습까지 골고루 집에서 마스터할 수 있으리라는 생각은 버려라. 차라리 그 노력, 그 돈을 모아 좀더 효과적으로 피부과에 투자하겠다. 아주 간단한 홈케어! 그 전에 주름이든 색소침착이든 목적지를 하나만 골라라.

주름을 개선하겠다고 스크럽이나 필링 제품에 목을 매는 사람들을 보았다. 주름이 개선되려면 진피층에 작용해 콜라겐 생성을 유도해야 하는데 스크럽이나 단순 필링으로는 기대하기 힘든 효과다. 그랬다가는 잔뜩 자극을 받고 전장에서 돌아오는 패자 꼴이 되고 만다.

진피층의 콜라겐 형성을 유도하는 피부과 레이저 시술들도 잔주름에 꽤 효과적이다. 하지만 깊은 주름에는 만족할 만한 효과를 거두기 힘들다. 그래서 요즈음 깊은 주름을 가진 아줌마들 사이에서 선풍적으로 떠오른 일명 심부피부 재생술이란 것이 있다. 단 한 번의 시술로도 깊은 주름은 물론이고 흉터까지 새살이 차오르듯, 컴퓨터 CG 작업을 한 듯 얼굴을 바꿔놓는다. 시술 전후를 비교하는 사진을 보고도 믿기지 않을 만큼 놀라운 기술이다.

보통 피부과 의사들은 손도 못 대는 어려운 시술이기도 하다. 언젠가 국내 심부피부 재생술의 대가가 사망했다는 기사를 읽은 적이 있다. 어찌나 안타깝던지. 이 시술이 가능한 의사는 아직까지 손으로 꼽을 정도다. 노하우가 쌓인 마취도 필요하다. 그나저나 그런 게 있다니!

우리가 늙어 깊은 주름으로 고생할 때는 놀라운 기술력을 자랑하겠지? 그래서 나는 안티에이징 제품보다 피부 스스로의 자생력을 키우는 데 더 신경을 쓰고 열심히 공부하고 일한다. 돈을 벌어야 훗날 피부도 가꾸지 않겠는가.

화이트닝을 원하면 특정 브랜드의 화이트닝 라인 제품을 모두 갖추어 써야 한단다. 물론 판매사들의 주장이다. 자극 없는 각질 제거가 바탕이 되어준다면 고농축 화이트닝 에센스만으로 충분하다. 화이트닝 라인에 포함된 화이트닝 토너가 있더라도 그것이 효과를 극대화한다는 정확한 실험 결과는 어디에도 없다. 스킨, 로션, 크림까지 모두 화이트닝 성분을 첨가해 제형을 다르게 만들었다고 할 수는 있다. 그 모든 것을 골고루 사용해 아주 미세한 차이의 효과를 더 욕심낸다면 역시 그 돈으로 레이저 토닝을 받겠다. 사용 중인 토너로 피부결을 정돈하고 에센스를 사용하면 충분히 효과를 볼 수 있다.

주름이 걱정이라 레티놀 제품을 쓰면서 화이트닝도 욕심을 내어 비타민 C 제품까지 꼭꼭 챙겨 쓰는 사람들이 있다. 그런다고 주름 개선과 화이트닝이 모두 효과가 있을까? 효과를 따지기 이전에 먼저 피부가 예민해지는 결과를 초래하게 될 것이다. 화이트닝 제품과 안티에이징 제품이 다 그렇지는 않지만 흔히 화이트닝에 많이 쓰는 AHA와 비타민 C를 레티놀

– 레티놀 제품은 피부 표면에 스며들어 새 피부를 돋게 함으로써 각질층을 자연스럽게 떨어뜨린다. 각질제거 효과가 있는 것이다. 때문에 잡티, 기미 같은 색소성 피부 질환에 효과를 보인다. 주름을 쫙 펴준다는 말을 믿고 레티놀을 챙겨 바른다면, 여기서 그만 포기해라. 그것은 표피를 지나 진피까지 흡수되어야만 가능한 일이다. 화장품 회사들은 자사 제품이 진피층까지 흡수되어 콜라겐 섬유를 증가시킬 수 있다고 얘기한다. 그러다 가까운 피부과 의사들만 찾아가서 얘기 해봐도 어이없어 한다. 화장품을 바로 만들어 내놓는 유명 화장품 브랜드의 연구원들 역시 그저 웃을 뿐이다

– 레티놀은 빛과 열에서 불안정하기 때문에 자외선을 잘 차단해야 탄력을 되찾을 수 있고, 낮보다는 밤시간에 발라야 색소침착을 막을 수 있다. 또한, 피부가 얇은 눈가는 피하고 자외선 차단제에 특히 신경을 써야한다.

– 모낭의 이상각화로 인해 생긴 여드름의 경우 레티놀 제품을 사용하는 것만으로도 피부 각질층이 안정되어 여드름이 완치되는 경우가 있다.

– 처음 사용하게 되면 따갑거나 건조함을 많이 느끼는데 시간이 지나 피부가 적응하게 되면 각질도 더 일어나지 않고 피부기 안정된다.

– 가급적 농도가 낮은 것부터 바르고 하루 이틀 쉬었다가 다시 바르거나 3일바르고 하루쉬는 방법을 쓰면 적응하기까지의 불편함을 줄일 수 있다.

– 레티놀 제품은 주름이 심해지기 전 주름예방 효과가 있다. 꾸준히 사용하게 되면 주름의 생성 속도를 보다 늦춰줄 수 있지만 이미 깊어진 주름에는 사실 효과가 없다고 보는 것이 맞다. 다만 열심히 제대로 챙겨 발랐을 때 그 이상 진행되는 속도를 늦춰줄 뿐이다.

과 함께 쓸 경우 자극으로 인해 예민해지고 더 건조해진다. 꼭 필요한 하나만 선택하는 것이 현명하다.

화이트닝에 주름 개선까지 한방에 해결되는 제품도 나왔다. 겸용 제품이 진화하다 못해 별게 다 나왔다. 사람들의 니드는 제대로 파악한 듯한데 그 허무한 기대와 무모한 도전에 절대 손을 들어주고 싶지 않다.

타고난 검은 피부, 화이트닝 제품으로 효과를?

후천적인 잡티도 화장품으로 완벽하게 지워내기는 힘든 게 사실이다. 검은 피부로 고민하는 사람이 유난히 많다. 쌀뜨물로 세수도 해보고 화이트닝 크림도 매일 발라 보지만 별 효과가 없어서 힘들어 한다. 화이트닝 제품들은 피부색이 아니라 안색을 바꿔줄 뿐이다. 칙칙함을 걷어갈 뿐이라는 말이다. 검은 피부를 타고났다면 화이트닝 욕심을 버리고 건강한 피부톤을 살리도록 한다. 그쪽이 훨씬 매력적이다.

화이트닝 클렌저의 큰 특징은 각질 제거다. 흔히 화이트닝 제품을 사용하기 전에 스크럽을 이용해 각질을 제거하듯 각질 제거 기능이 있는 클렌징폼이 묵은 각질을 제거해 화이트닝 성분의 흡수를 돕는다. 이론상 효과적인 방법이다. 다만 평소 메이크업을 하다 보면 메이크업 클렌징에다 매일 아침저녁으로 화이트닝 클렌징폼까지. 게다가 일주일에 한두 차례 하는 별도의 각질 제거는 피부에 너무 가혹하다. 뭐, 스크럽을 전혀 안 하겠다면 몰라도.

각질 제거가 먼저다　　　기능성 제품을 위한 첫 번째는 각질 제거다. 두꺼운 각질층을 그대로 둔 채 제품을 발라봐야 유용한 성분들이 흡수되지 못한 채 피부를 겉돌다가 사라지고 만다.

각질을 제거한 후에 기능성 제품을 발라야 효과가 있다는 사실은 누구나 안다. 그렇더라도 과도한 각질 제거가 화이트닝은 물론 안티에이징에도 방해가 될 수 있음을 기억하자. 피부는 자극을 받으면 외부 환경에 극도로 민감해진다. 자외선에 노출될 경우에 잡티가 생길 가능성도 높아지므로 각별히 조심해야 한다.

화이트닝 라인은 클렌징 폼부터 토너까지 대부분 제품에 각질 제거 성분이 들어 있다. 이러한 화이트닝 제품을 쓰면서 일주일에 두 번씩 꼬박꼬박 각질을 제거해봐야 건강한 피부에는 오히려 굉장한 자극이 될 수 있다. 건조는 물론 주름을 유발하기도 하고 피부에 따라서는 트러블도 나타난다. 그런데도 화이트닝 제품을 판매하면서 각질 제거를 얼마나 어떻게 해야 하는지에 대해 전혀 주의를 주지 않는다. 화이트닝 제품을 살 때는 각질 제거 성분이 있는지 상세하게 물어보자. 부디 매장 직원들이 정확한 정보를 알고 있기를 바랄 뿐이다.

바르는 비타민 C　　　피부를 위해 먹는 비타민 C만큼이나 바르는 비타민 C가 인기다. 미백, 항산화, 탄력 효과를 탐내는 여자들이 많이 찾는다. 단점이라면 하찮은 보습력! 수분 관리에 충실해야 함을 잊어서는 안 된다.

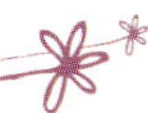

무엇보다 자외선 차단은 화이트닝의 기본이다. 새로운 세포 생성을 촉진하고 멜라닌 색소가 침착된 세포의 배출을 돕는 레티놀, 멜라닌을 탈색시키고 멜라닌 생성을 억제하는 비타민 C, 피부의 신진대사를 회복시켜 노화한 각질을 떨어져 나가게 하는 AHA 성분이 든 제품을 사용했다면 자외선 차단제를 꼭 챙겨야 한다. 민감해진 피부는 자외선 노출에 더욱 주의해야 하기 때문이다. 또한 각질 관리를 통해 죽은 세포를 제거하는 것이 중요하다. 이것만으로 맑아진 안색을 느낄 수 있다.

내가 기능성 제품을 좋아하지 않는 이유는 쏟아 붓는 시간과 노력, 돈에 비해 반응이 더디기 때문이다. 아직 보톡스 한 번 안 맞아봤으니 그 부작용에 대해 할 말은 없지만 앞으로는 기능성 제품은 거의 사용하지 않을 생각이다. 차라리 순한 클렌징, 충분한 수분 공급, 자외선 차단, 좋은 음식에 에너지와 돈을 쓰겠다. 그러다 감당하기 힘들 만큼 주름과 잡티가 발견되면 과감하게 피부과를 선택할 것이다. 의학기술은 계속 발전하고 한의원에서 침으로 피부를 회복시키는 마당에 기능성 화장품이라니. 오히려 시대를 거스르는 느낌이다.

거울을 보면 내 얼굴에도 잡티가 있다. 화이트닝 제품은 사용하지 않은지 조금 되었다. 요즘은 꼭 새하얗게 만들고야 말겠다는 마음도 없다. 만약 그런 생각이 들더라도 피부과 레이저 토닝을 찾지 화이트닝 제품에는 더 이상 아까운 내 돈을 쓰지 않을 것이다.

안티에이징에 목숨을 건 언니들이 주로 범하는 오류가 있다. 리프팅을 위해 콜라겐 제품 하나쯤 바르는 것은 기본. 게다가 미백을 위한 고가의 비타민 C 제품까지! 그러나 같이 바르면 비타민 C가 콜라겐의 단백질 성분을 응고시킨다. 콜라겐 제품이 피부 속으로 흡수되는 것을 방해하기 때문에 반드시 아침과 밤에 나누어 사용하는 것이 좋다.

돈 보다 노력

고가의 제품을 그때그때 발라서 열심히 가꿔봐야 늙는 것을 완전히 막아주지는 못한다. 결국 일정 나이에 다다르면 피부과를 기웃거리게 된다. "비싼 과외 시켜서 대학 보내놓으면 그때부터 알아서 술술 할 줄 알았건만 대학에 들어간 만큼 돈이 또 드는 법. 그나마 과외한 만큼 좋은 대학에라도 턱 붙으면 얼마나 좋아. 과외 아무리 받아봐야 공부 안 하면 땡인데." 엄마의 말씀이다. 스킨케어 역시 지금부터 꼬박꼬박 투자해도 결국에는 목돈을 투자해야 할 일이 반드시 생기게 마련이다.

기술이 빠른 속도로 발전하는데 혼자만 자글자글 늙어 죽고 싶은 여자가 있겠는가. 열심히 안티에이징이다 뭐다 챙겨 발랐으니 서른 먹고 마흔 먹어서도 좋은 피부를 자랑할 거라고 생각하는가. 천재보다 노력이랬다. 그러나 타고난 천재가 노력을 하면 절대 못 따라간다. 죽어라 공부해서 4년제 대학에 갔더니 누구누구는 기부금 입학으로 일류대 갔다더라. 속이 쓰리다. 또 죽어라 발라서 노화 방지했더니 훗날 누구누구는 2,000

만 원짜리 피부재생술로 20대 피부가 되었다는 소리라도 들으면 가슴이
찢어진다.

괜히 광고에 휩쓸려 벌써부터 너무 오버하지 말라는 말이다. 공부는
죽어라 하면 못 따라가도 남는 게 있겠지만 스킨케어는 돈만 들이붓는 셈
이다. 속이 찢어지지 않을 만큼 아쉬움 없이 만족하려면 적당한 관리가 딱
이다. 적당히 바르고 살아도 된다. 고기능성 화장품을 어린 나이에 일찍
사용하면 과도한 각질 탈락이나 영양 과잉을 초래한다. 이는 곧 피부 자체
의 재생 능력을 퇴화시킨다.

"자사 테스트 결과 효과적이다자사 테스트 결과 효과적이다. 연구
에 참여한 100명 중 몇십 명에게서 효과가 나타났다!"

한때 믿음이 강한 고객 중 하나였던 나는 그러한 연구, 자사 테스트
에 몇 번 참여해본 뒤로 수많은 허점을 직접 확인했다. 이제는 더 이상 신
뢰할 수 없다. 실험이 전문적이지도 않을뿐더러 기기는 고가의 고급 기계
일지 몰라도 참여하는 사람, 특히 나 같은 일종의 아르바이트생들은 돈만
받으면 그만이니 주의사항에 따라 제품을 사용하지 않는다. 또 "65명의
여성이 피부가 하얘진 것 같다고 대답했다"고 하지만 나 역시 전혀 하얘졌
다고 느끼지 않았으면서도 그렇다고 대답했다. 왠지 그렇게 대답해야 할
것만 같았다.

더 웃긴 것은 미백 효과를 확인하는 기계를 부위에 댈 때마다 수치가
엄청나게 달라져서 측정하던 연구원이 서로 마주보며 당황해한 적도 있

다. 임상 실험한 결과 60일 후에 78명의 여성에게서 80% 이상 완화되는 효과를 보였다고? 3주짜리 실험도 신경 써서 참여하려면 죽을 맛이다. 그런데 60일짜리 실험에 참여했다니! 돈 받고 대충하지 않았을까?

화이트닝, 꼭 필요할까

겨울이 지나면 어김없이 화이트닝의 계절이 돌아온다. 봄만 되면 화이트닝이 난리다. 과연 피부에 효과적이고 꼭 필요한 아이템일까?

가벼운 색소침착은 각질 제거 적당히 하고, 보습 잘하고, 자외선 차단제만 잘 발라도 효과가 있다. 또 가급적 낮에는 외출을 자제하고 햇빛을 피한다면 막 돌아다니면서 화이트닝 제품을 챙겨 바르는 것보다 효과적이다. 자외선 차단제는 피치 못해 발라야 할 아이템이지만 자외선을 피해 도망 다녀보라. 3개월만 죽은 듯이 지내면 분명히 피부톤이 밝아진다!

화이트닝 제품을 사용한 후에 시너지 효과를 노린다면 반드시 자외선 차단제를 꼼꼼하게 발라주어야 한다. 한여름이라면 3시간마다 덧발라주는 것이 좋다.

그동안 사용해온 화이트닝 제품을 보면 효과가 거의 없는 것이 대부분이다. 개중에는 사용감이 좋아서 아무런 생각 없이 반년 넘게 쓴 것도 있는데 아주 미미하게나마 효과가 있었다. 하지만 그 순간에도 제품에 만족하기보다 이 돈으로 이거 챙겨 바를 바에야 자외선 차단제 잘 바르고 양산을 쓰는 게 낫다는 생각이 더 컸다. 앞에서 이야기했듯이 신빙성 없는 자사 테스트 따위는 거들떠볼 필요도 없다.

화이트닝 제품은 앞으로도 매년 새롭게 출시되고 듣도 보도 못한 성분을 찾아냈거나 개발했다고 주장할 것이다. 이번에는 제대로라며 우리를 유혹할 것이다. 미안하지만 해가 더할수록 나는 더 관심이 없다.

주름 개선은 화이트닝보다 더하다. 주름 개선 화장품을 홍보하는 연예인들조차 화장품으로 주름 문제를 해결하지는 않는다. 돈이 없어서 피부과 시술을 받을 수 없다면 차라리 돈이 생길 때까지 기다리거나 아예 포기하는 편이 낫다. 주름 개선 화장품은 진짜 아니다. 효과라고 해야 일시적인 잔주름 개선 정도! 충분한 보습과 자외선 차단으로도 악화를 막기에는 충분하다. 턱을 괴는 습관이나 흡연도 삼가라.

껍데기만 화려한 선케어

10

엄마는 자외선 차단을 가장 확실하게 했다. 피부 노출 자체를 꺼렸다. 가능하면 낮에는 집 밖을 나서지 않고 모든 활동은 해가 진 후에 했다. 꼭 필요한 은행 업무는 사계절 내내 양산을 쓰고 다니며 해결했다. 지성 피부라 선크림이 두렵다면, 조금만 바르고 싶다면 더더욱 양산이 답이다.

자외선 차단지수는 높을수록 좋다?

무조건 차단지수가 높은 제품만 고집하는 태도는 좋지 않다. 제아무리 순한 자외선 차단제라도 실제 자외선을 차단하는 것은 화학 성분이다. 차단지수를 높이려면 많은 양을 첨가하게 되고 자극이 더 클 수밖에 없다.

 자외선 차단제를 구입할 때 SPF에만 신경 써서는 안 된다. SPF는

UVB 차단 효과를 수치로 나타낸 것이다. 하지만 피부를 붉게 만들고 화상을 유발하는 UVB만 제대로 차단한다고 전부가 아니다. 기미, 주근깨, 색소침착, 주름을 유발해 직접적으로 노화에 관여하는 UVA를 얼마나 잘 차단하는지가 중요하다. 노화를 촉진하는 광선은 다름 아닌 UVA이므로 PA지수를 먼저 확인하도록 한다. PA지수는 보통 PA+, PA++, PA+++로 표기된다. PA지수가 표기되어 있지 않은 경우에는 성분 표시에 티타늄디옥사이드, 아보벤존, 징크옥사이드가 있는지 찾아보아도 된다.

SPF지수는 말 그대로 UVB의 차단지수다. 예를 들어 SPF50짜리가 UVB를 100% 차단한다면 30짜리를 바르더라도 97%, 98%는 차단한다. 2~3% 차이다. 그런데 UVB 차단지수를 실험할 때는 우리가 메이크업 전에 바르듯이 얇고 티 안 나게 바르는 게 아니다. 아주 두껍게 바른단다. 실제 우리가 바르는 정도면 지수의 절반 쯤밖에 효과 발휘를 못 한다는 뜻이다. 충격이다.

무조건 덧발라주어야 제대로 효과를 볼 수 있다. 그런데 덧바르는 노력은커녕 생각조차 하지 않은 채 높은 지수만 찾는다. 이제 지수가 낮은 제품은 출시하지 않는 브랜드도 있다. 놀라운 사실은 덧바르기만 잘하면 30짜리와 50짜리의 UVB 차단 정도가 비슷하다는 것이다. 오히려 지수가 높으면 더 많은 차단 성분을 함유하기 때문에 피부가 부담스러워한다. SPF가 높을수록 자외선 차단 효과가 좋아지는 것은 사실이지만 SPF20을 넘어서면 효과에 큰 차이는 없다. 효과는 오히려 덧발라주느냐, 얼마나 두껍게 바르느냐에 달려 있다.

SPF30짜리 파운데이션을 바른다고 선크림을 소홀히 해서는 안 된다. 파운데이션에는 PA지수가 전혀 표시되지 않기 때문이다. 보디 제품도 마찬가지다. 우리는 노화 예방이 목적이기 때문에 PA지수를 무시할 수 없다. 보디 제품 역시 자외선 차단제임을 자랑하면서도 PA지수가 표기된 경우는 드물다. 또한 베이스와 파운데이션은 몰라도 자외선 차단제는 섞어 바르지 않도록 한다.

PA지수 없이 SPF만 쓰인 제품은 자외선 차단 효과를 아무리 큰 소리로 외쳐도 나는 결코 신뢰하지 않는다. PA지수가 표기된 것을 구입하고 성분 목록을 공개했는지 확인해야 하고 UVA와 UVB를 모두 차단하는 성분인 티타늄디옥사이드, 아보벤존, 멕소릴에스엑스, 옥시벤존 중 하나가 들어 있는 것으로 고른다.

선케어 제품을 고를 때 민감성 피부는 특히 무기 성분 위주로 사용하라. 용기에 100% 미네랄 성분 차단제라고 표기된 것, 이산화티타늄과 산화아연이 성분 표기 앞쪽에 쓰여 있는 것이 좋다.

자외선 차단 성분에는 유기 성분과 무기 성분이 있다. 유기 성분은 자외선 차단지수가 높고 투명하게 마무리되지만 무기 성분은 자극이 큰

편이다. 아보벤존과 옥틸메톡시 시나메이트는 자외선을 차단하는 기능이
뛰어나지만 피부 자극이 있는 성분이다.

자외선 차단제 센스 있게 바르기

자외선 차단제는 태양 아래 나서기 30분 전에는 발라야 효과가 있다. 흡수
된 후에 화학 반응이 일어나야 자외선을 차단해준다. 출근하기 15분 전에
일어나 후다닥 바르고 나가면 아침 햇살을 그대로 받게 된다.

자외선 차단제는 피부가 건조한 상태에서 발라야 한다. 물이나 땀이
묻은 피부에 덧바르면 자외선 차단제 성분이 금세 사라진다. 스킨케어 이
후에 약간의 시간차를 두고 바르면 좋다.

또 모이스처라이저처럼 골고루 쫙쫙 펴서 문지르는 사람들이 있는
데 하얀색이 사라질 때까지만 펴주고 손을 뗀다. 너무 두드려 흡수시키려
고 하거나 문지르지 마라. 아주 얇게 막을 씌우듯 얹어주는 것이 차단에
효과적이다.

하루 종일 건물 안에 있다고 해서 안심할 수는 없다. 백열등과 형광
등에서도 소량의 자외선이 분출되며 사무실, 거실의 넓은 유리창으로 들
어오는 자외선은 말할 필요도 없다. 자외선 차단제를 바르는 것이 좋고,
차단 효과가 있는 파운데이션이라도 발라야 한다.

여드름 피부라도 자외선 차단제를 발라야 한다. 오일 프리 타입의
가벼운 것으로 고르자. 유분기 때문에 꺼려지면 자칫 여드름 자국이 색소

침착으로 전환될 수도 있으므로 주의해야 한다. 여드름 상처가 생기면 멜라닌 때문에 그 색이 더욱 어둡게 변해 그야말로 흔적으로 남을 지 모른다. 지성 피부, 여드름 피부라 부담스럽다면 다른 기초의 양을 좀 줄이는 편이 낫다. 자외선 차단제는 지나치게 양을 줄이면 효과가 거의 없다. 몸에는 특히 고가를 따지지 말고 중저가로 구입해 듬뿍 바르도록 한다.

자외선 차단제는 얼굴이 허옇게 되도록 두껍게 발라야 표기된 수치만큼 효과가 나타난다. 그렇게 못 하더라도 한여름에는 두 시간마다 바르고 가급적 자외선 차단제 성분이 든 제품을 쓰자! 나는 쉽게 닦고 뭉침 없이 빠르게 수정하기 위해 여름에는 더더욱 파우더를 사용하지 않는다. 블러셔도 크림 타입만 쓴다. 자외선 차단제를 효과적으로 덧바르기 위해서는 먼저 자외선 차단 효과가 뛰어난 파운데이션을 발라 파운데이션으로 수정한다. 그리고 파운데이션을 수정하면서 자외선 차단제를 기본으로 덧바른다. 파우더를 꼭 사용하는 사람은 자외선 차단 효과가 있는 파우더를 필수로 쓴다.

사실상 자외선 차단제를 덧바르기란 결코 쉽지 않다. 방법이 어려워서가 아니라 귀찮고 번거롭다. 메이크업이 망가질까 두려워 자외선 차단제를 덧바르지 않는 경우도 많다. 그러나 적당한 수정과 함께 하면 지저분함이나 얼룩도 없앨 수 있다. 무작정 덧바를 게 아니라 자외선 차단제를 덧바르면서 지저분해진 부분도 정리할 겸 전체적으로 메이크업 수정을 같이 하는 것이 좋다.

한여름 피서지에서는 수정을 더욱 꼼꼼히 해야 한다. 자주 덧발라주어야 함은 물론이고 얼굴을 제외한 부위는 조금 두껍게 바르거나 팩트, 선밤 등을 한 번 더 덧바른다. 땀을 많이 흘렸거나 바닷물에서 놀고 난 후라면 클렌징 티슈를 이용해 닦아준 뒤에 덧발라야 피부 트러블 걱정을 덜 수 있다. 메이크업 위에 덧바르는 자외선 차단제라고 특별히 혹할 필요 없다. 어차피 적당히 수정하면서 바르는 것이 좋고, 이는 보통 자외선 차단제로도 가능하다. 편하다고 메이크업 위에 막 발랐다가는 트러블을 유발할 수 있다. 클렌징 워터나 티슈를 이용해 아예 클렌징을 하고 덧바르면 좋겠지만 솔직히 쉽지 않다. 단, 적어도 노폐물은 제거하고 덧바르도록 한다.

지성 피부는 특히 피지 분비가 심해서 자외선 차단제가 지워지기 쉬우므로 꼭 덧바르도록 한다. 피지 분비가 유난히 심한 T존에는 여러 번 덧발라 차단 효과가 떨어지지 않도록 하자.

얼굴만 관리하세요?

손과 목도 자외선으로부터 자유로울 수 없다. 핸드크림이나 넥크림을 바르기 이전에 자외선 차단제가 먼저다. 특히 목 관리. 수많은 넥크림이 나왔지만 넥크림을 골라 바른다는 자체가 웃기다. 목이 얼굴이랑 얼마나 다르고 특별하다는 것인지 정확한 근거도 없이 그런 말들만 나돈다. 갖고 있는 로션이나 보디크림을 같이 바르고 선크림을 더 꼼꼼히 발라 목까지 관리해라. 어차피 넥크림도 목주름을 없애주지는 않는다.

핸드크림을 갖고 다니는 여자는 정말 센스 있는 여자다. 그러나 선크림을 필수로 갖고 다니는 여자는 천재다. 단, 오일 프리 선크림은 오일 성분이 적어 핸드크림으로 쓰기에 부적합하기 때문에 잘 확인해 보고 사용하는게 좋다.

자외선 차단제 덧바르기 

– 티슈나 물티슈를 이용해 피부결을 따라 쓸어주면서 땀이나 피지, 노폐물을 가볍게 닦아낸다. 자칫 역방향으로 닦다가는 각질을 일으킬 수도 있다.

– 미스트를 뿌려도 되고, 많이 건조한 사람들은 로션이나 에센스를 얇게 펴 바른다.

– 스펀지에 묻혀 닦아내도 된다. 평소 각질 관리가 잘 되어 있고 이 단계에서 피부에 수분 공급을 잘해야 자외선 차단제를 잘 바를 수 있다.

– 자외선 차단제를 덜어 콕콕 찍은 다음에 펴 바르지 말고 들뜨지 않게 두드리듯 밀착시켜가며 펴뜨린다.

– 파운데이션을 얇게 덧발라 마무리하거나 비비크림, 파우더를 사용한다.

나는 왜 양산을 쓰는가? 

여름에는 얼굴의 절반은 가리고 남을 만한 선글라스를 꼭 쓴다. 오직 자외선으로부터 눈가를 지키기 위함이다. 눈가 주름은 싫어!

자외선 차단제를 발랐으니 햇빛에 나뒹굴어도 상관없다고 생각하는 사람들이 있다. 그러나 2~3시간에 한 번은 덧발라야 하며 세상에 100% 자외선 차단제는 없다. 자외선 차단제를 바른다고 해서 피부가 완벽하게 보호될 거라 기대해서는 안 된다. 잡티가 절대 생기지 않는 것도 아니다.

그래서 양산을 쓴다. 극성맞은 여자래도 난 탱탱한 피부가 더 좋다. 가까운 일본, 홍콩으로 여행을 가게 되면 양산을 사라. 국내에 없는 디자인의 명품 양산 천국이다. 버버리 제품은 우산과 양산 겸용이라기보다 양산 느낌이 많이 난다. 엄마의 10년 된 지방시 양산은 지금 완전히 빈티지 스타일이 되었다. 내가 곧 뺏을 생각이다.

코피지 뺄까 말까

11

모공 속 피지 덩어리와 노폐물을 완벽히 제거하고 싶은 것은 모든 여자들의 갈망이다. 1,000만 화소 카메라로 접사 촬영해도 블랙헤드 하나 없이 피부결만 보였으면 하겠지만 쉽지 않다. 과도한 피지와 노폐물을 잘 씻어내 산화될 틈을 안주면 적어도 거뭇한 것은 없앨 수 있다. 그러나 모공 속 피지는 계속 차오르기 때문에 완전히 없애기는 불가능에 가깝다.

코팩은 정말 급한 날에 응급처치용으로 쓰기 좋으나 자주 사용하면 부작용이 많다. 꼭 코팩을 해야 한다면 수분로션이나 스킨을 적신 화장솜을 10분 정도 코 위에 올려놓아 각질을 충분히 불리고 나서 팩을 붙여야 잘 빠진다. 피부를 생각하면 자주 할 수도 없으니 할 때 제대로 하자.

그렇다면 집에서 관리할 수 있는 방법은 무엇일까?

코피지 제거를 위한 찰떡궁합이라며 온라인에서 뜨거운 논란의 제품들이다. 과연 그럴까?

딸기코가 되기 위한 최고의 궁합이라고 할 수 있겠다. 확실히 다른 코팩을 사용했을 때 보다 두 제품 중 하나를 단독으로 사용했을 때 효과적인 건 사실이다. 피지가 쏙쏙 빠져나오는 것이 눈에 보인다. 너무나 속이 시원하지만 그것은 어쩌면 의미가 없다. 빼도빼도 다시 차오를 것이기 때문이다. 즉, 죽도록 꾸준히 해야 한다는 건데 코팩을 반복해서 자주 사용하게 되면 모공이 늘어난다는 얘기가 있다. 그보다는 모공이 자극을 받아 혈관이 확장되어 딸기코로 변할 확률이 더 높기 때문에 말리고 싶은 것이다. 그 후에 모공을 조여 주는 팩을 하면 정말 쫘악 조여 줄 것이라고 생각하지만 사실 그렇지도 않다. 피부과 원장님들도 모공을 조이는 시술은 힘들다고 말할 정도인데, 어차피 들어찰 피지를 완벽하게 빼내고야 말겠다고 작정하는 것이 무모한 짓이다. 그저 보기에 지저분하지 않고, 메이크업에 방해가 안 될 정도로만 매끈한 코를 만드는 것을 목표로 관리하는 것이 낫다.

화장품에 의존하기보다 클렌징을 하면서 블랙헤드까지 관리할 수 있는 것으로 뷰티풀솝 천연해면을 추천한다. 이미 많은 이웃들이 사용해본 뒤 효과를 보고 있는 세면도구인데, 각질관리는 물론 코부분을 깨끗하게 관리해주어 블랙헤드를 줄이고 예방하는 효과가 있다. 세안 마지막 단계에서 피부결에 따라 아주 가볍게 쓸어주면 된다. 코주변은 구석구석 닦아 주는 것이 중요하다.

집에서 할 수 있는 것은 블랙헤드라고 불리는 시커먼 피지 덩어리의 표면을 깎아내는 정도다. 아니면 클리닉 시술을 받고 난 뒤에 어차피 또 생겨날 블랙헤드를 예방하는 것. 오일 세안으로 피지와 노폐물을 녹여내면 시커먼 블랙헤드는 완화된다. 물론 모공 속 피지까지 완전히 뽑아내는 것은 아니다.

굳어버린 피지를 뽑아 올리면 모공 속까지 쏘옥 빼낼 수 있지만 그 속은 또 차오르고 자극만 줄 뿐이다. 표면을 관리함으로써 거뭇해 보이지 않게만 하면 메이크업을 하든 가까이에서 보든 큰 문제가 되지 않는다. 일주일에 1~2회 정도의 각질 관리도 블랙헤드를 방지하는 부지런한 습관이다. 그러나 역시 오일 클렌징을 즐겨 사용하고 각질 문제가 심하지 않다면 각질 관리는 일주일에 한 번으로 충분하다.

화장품에 홀릭하는 바보들

12

나한테 화장품이 굉장히 많을 거라고 생각하는 사람들이 있다. 일반적인 경우에 비하면 많은 게 사실이지만 결코 많은지 모르겠다. 나는 화장품에 홀릭하지 않았다. 메이크업을 하면서 색조 제품을 챙겨 두게 되었지만 화장품은 수집하고 모아둘 가치가 없다. 어떤 음식이 맛있다고 그 음식을 수집하는 사람은 없다. 유통기한의 차이만 있을 뿐 결국 상한다. 기초는 수시로 나누어 주고, 색조도 안 쓸 듯싶으면 바로바로 넘긴다. 함께 쓸 수 있다는 것이 기쁘다.

나는 화장품 자체를 좋아하지 화장품의 효능을 좋아하는 사람이 아니다. 좋은 화장품, 더 효과적인 화장품을 찾는 사람으로 비칠지는 모르겠다. 그러나 내가 사회생활을 하지 않아도 되는 사람이라면, 가족들과 텃밭이나 가꾸고 살 사람이라면 어떤 화장품도 쓰지 않을 것이다. 이게 화장품에 대한 내 개인적인 생각이다. 화장품 그 자체보다 메이크업이 더 재밌고, 스타일을 찾기 위해 다양한 코디를 시도해보듯 똑같은 화장품으로 새로운 스타일의 메이크업을 찾는 일이 더 재밌다.

나의 이런 관심과 다르게 트렌드를 제시하고 이슈를 만드는 것은 화장품 업체들의 끝없는 과제이므로 트렌드를 지어내고 매출로 이어지기까지 쉴 새 없는 홍보가 뒷받침되어야 한다. 그래서 쉽게 속을 수 있고 쉽게 당할 수도 있다.

화장품 홍보의 기본은 겁주기

일반인들이 고민하는 문제를 파악하고 겁주기, 이해도 안 되는 성분을 과대 포장해 유혹하고 효과를 극적으로 표현해 믿음 주기가 화장품 홍보의 대표적인 방법이다.

겁주기의 대표적인 예는 아이크림이다. 눈가 건조를 고민하는 사람들에게 건조한 눈가를 그대로 두면 큰일이라도 날 듯이 겁을 주고, 얼굴에 바르는 크림을 눈가에 바르면 피부가 다 헐어버리기라도 할 것처럼 이야기한다. 심지어 생각도 고민도 하지 않았던 문제들을 고민하게끔 던져준 뒤에 친절하게 해결책을 제시한다.

속눈썹이 메이크업 잔여물로, 그리고 태양빛으로 날로 약해지고 있다면서 영양을 듬뿍 매일 주지 않으면 속눈썹이 마치 반동강 나거나 다 빠지기라도 할 것처럼 겁을 주면서 속눈썹 영양제를 들이민다.

　속눈썹 에센스는 속눈썹을 길어지게 하는 것이 아니다. 가만히 두어도 길어질 속눈썹이다. 다만 다 자라기도 전에 빠져버리지 않고 잘 붙어 있도록 해줄 뿐이다. 잘 빠지지도 않고 짧아서 죽어라 길어봐야 그게 다인 속눈썹에는 아무 도움이 못 된다. 자랄 틈도 없이 잘 빠지는 사람한테 도움이 되니 속눈썹이 길어지고 숱도 많아졌다는 이야기가 나올 수밖에.

　내가 속눈썹 에센스를 사용하지 않는 이유는 눈가 자극, 눈가 부작용을 더 많이 보았기 때문이다. 예민한 눈 점막에 닿으면 알레르기 증세가 나타난다. 요즘 국내에서만 뜨겁지 정작 해외 사이트에서는 눈가 안전 성분이 과학적으로 입증되지 않았다며 사용을 꺼리는 추세다. 어쨌든 절대로 속눈썹 길이를 더 연장해주는 기능이 없다는 점만은 알아두자.

할리우드 스타는 최고의 화장품만 쓴다?

화장품 회사들이 화장품을 협찬해주면 그것이 해당 연예인이 가장 좋아하는 제품으로 둔갑한다. 뭐, 광고까지 찍으면 게임 끝! 화장품 회사들은 홍보대행사를 통해 잡지에 제품이 소개되도록 하고, 협찬 받은 연예인들의 얼굴이 친절하게도 제품과 함께 실린다. 그 사이에 거액이 오가기도 하고 제품을 제공해주기도 한다. 얼굴 노출이 곧 돈인 그들에게 이유 없는 서비스란 없다. 톱스타가 국내 브랜드의 저가 제품을 쓰고 있다고 도배하거나 적극적으로 추천한다면 협찬이나 광고, 친분 등으로 얽혀 있다고 보는 게 확실하다. 무엇이든 득이 되는 게 있다면 그 제품이 순식간에 애장품으로 둔갑하는 것 정도야 우스운 일이다. 완벽한 메커니즘에 박수를 보내고 싶다. 그게 아니라 진짜 애장품이라고 해도 역시 사람이고 여자인 이상 각자의 기호 문제다.

트렌드를 앞서 가는 스타라고 해서, 최고가의 제품들을 휘감고 다닌다고 해서 화장품 역시 최고만 쓰는 것은 아니다. 가장 비싼 제품 위주로 쓸지는 몰라도 그들 역시 건조, 노화, 트러블로 고민한다. 또 협찬이 들어오는 대로 쓰기도 하고 개인적인 기준에 따라 구매하기도 한다. 그 개인적인 기준이 일반인들과 대단히 다르리라는 생각은 마라. 우리가 제품 사러 가서 좋다좋다 들이밀면 혹하고 충동구매를 하듯이, 초고가의 제품이면 당연히 좋으리라고 굳게 믿듯이 별 차이 없다. 스타들의 제품을 무조건 제외시키라는 말이 아니라 좀더 객관적인 자기만의 기준을 만들어갈 필요가 있다는 뜻이다. 더 늦기 전에.

잡지를 보면 할리우드 스타들의 메이크업한 얼굴 혹은 그들의 스킨케어 비법을 소개하면서 옆에 두세 가지의 제품 사진을 같이 첨부한다. 그들의 메이크업에 사용된 제품이 절대 그 제품이 아니다. 스킨케어도 마찬가지. 제니퍼 로페즈의 메이크업에 대해 이야기하면서 추천 제품에 바비 브라운과 에뛰드 하우스가 같이 있었다면 100%이다! 옆에 추천된 사진은 그들의 스킨케어 방법과 어느 정도 일치하는, 그러면서 국내에 들어와 있고 홍보대행사를 통해 광고하고자 하는 제품들이다. 유명 아티스트들도 소속 연예인이 화장품 CF에 출연하게 되거나 맡아서 성사시키면 화장품을 무더기로 협찬 받는다. 정말 무더기로.

"몇 초에 몇 개씩 팔리고 있다." 뭐, 이런 말도 신뢰할 것이 못 된다. 품질이 좋아 놀라운 기록을 세운 제품도 아주 드물게 있지만 막대한 자본이 투자된 매스컴이 큰 몫을 해낸다. 할리우드 스타 누가 썼다 하면 재고도 순식간에 다 팔아치우고 더 만들어내야 할 정도다. 우리나라도 예외는 아니다. 전에 비해 많이 줄었지만 여전히 연예인 누구의 립스틱이다 하면 자칫 화장품 구매 대기자 명단에 이름을 올려야 한다. 파파라치의 사진에 쇼핑백 하나 들고 등장하면 브랜드는 이슈가 되고 제품은 베스트셀러가 된다. 그런데 그마저도 계획된 연출이라는 이야기가 있다.

화장품 마케팅 전성시대

사용감도 별로인데다 자극적인 향 성분까지 첨가된 정말 별거 아닌 로션이 저자극 식물성의 피부 재생을 돕는 고농축 에센스 로션으로 둔갑했다. 모든 고객이 그렇게 믿고 구입하도록 만든 노고를 치하한다.

그러나 그리 어렵지 않다. 듣도 보도 못한 새로운 성분, 효과가 입증되지 않은 성분과 내부 실험 결과, 그것을 뒷받침해줄 권위까지는 아니어도 이름 좀 있는 박사, 연예인, 메이크업 아티스트, 화려한 용기를 준비해 시끄럽게 론칭 파티를 열고 거액을 들여 그 사실을 만천하에 알린다.

화장품을 좋아하게 되면서, 더 깊이 빠져들면서 내가 얼마나 바보였는지, 얼마나 무지한 존재인지 깨닫게 된다. 우리는 화장품의 달콤하고 시적인 이름에도 마음이 동한다. 내용물이 어떻든 갖고 싶게 만드는 패키지에 탄성부터 나온다. 그것을 모든 유명 화장품 브랜드들이 알고 있다. 이 점을 잊지 마라. 판매는 소비자를 꿰뚫으면 게임 끝이다. 모든 판매자가 우리의 마음을 꿰뚫기 위해 안간힘을 쓴다. 자신을 다 열어 보이면서 대시하는 사람은 없다. 멋 모르고 순수하게 반응하는 바보만 있을 뿐.

우리가 혹할 용기, 이름, 포장을 위해서도 혈안이 되어 있다. 심지어 각종 제품들, 특히 스킨케어 제품들의 탄생 비화도 어쩌면 하나같이 극적인지 잡지에 실릴 쓸 만한 이야깃거리를 미리 준비해 마케팅을 한다.

'꿀물이 책을 써서 번 돈을 들고 오지 마을에 봉사활동을 하러 갔는데 깜박하고 크림을 챙겨 가지 못했다. 고민하던 중 숲에 있는 무슨무슨 나무의 진액을 발랐고 놀라운 보습과 재생 효과를 발견했다. 나중에 한국으로 돌아와 그 성분을 안전한 제품으로 만들어냈다.'

뭐, 이 정도? 마음만 먹으면 나도 100개는 지어내겠다!

그리고 이제 어려운 말 많이 써서 주눅 들게 만드는 브랜드, 이해 못해서 대충 넘기게 만드는 것은 물론 스킨케어의 시대를 넘어 '의사'에게 맡기라고 말하는 시대가 되었다. 당연히 '닥터'표 화장품이 불티날 수밖에.

인류의 피부를 치료하겠다는 기특한 의도가 아닌 판매에 목적이 있는 한 화장품은 절대 소비자를 위한 게 아니다. 누구를 '위한' 제품이라는 말에 현혹되지 마라. 그 '위함'은 곧 누구누구의 피부에 '팔기 위함'이다. 화장품에 집중하기 시작한 이래 10년 동안 그들이 보여준 게 결국 그랬다. 곧이곧대로 듣지 않는 못난 성격 덕분에 그나마 나는 피부를 지킬 수 있었다.

내가 개인적으로 존경하는 분야가 있다면 영화다. 워낙 영화를 좋아해서인지 시나리오뿐만 아니라 컴퓨터그래픽부터 늘 감동을 받는다. 방구석에서 리뷰나 쓰는 나는 지구인 같고 그들은 우월한 외계인 같다. 또 하나, 워낙 디지털 기기를 좋아해서인지 디지털 기기를 개발하는 사람들은 천재라고 생각한다. 그런데 요즘은 화장품을 만들어서 판매하기까지 마케팅에 지대한 영향을 미치는 사람들이 가장 천재라는 생각을 하게 되었다.

화장품은 텔레비전이나 컴퓨터처럼 성능에 좌우되는 상품이 아니라 소비자가 기대하는 가치를 담는 상품이다. 텔레비전은 광고 믿고 구입했다가 안 나오면 반품이 가능하다. 새것으로 교환해주기도 한다.

하지만 주름이 개선된다는 크림을 샀다가 주름 개선이 안 된다고 반품을 요청하면 진상 취급을 받는다. 소비자가 화장품에 기대하는 가치에는 자신에 대한 격려와 피곤한 일상을 마친 후에 화장품으로 치유받고 싶은 마음도 있다. 화장품은 성능보다 정신적 가치에 초점을 맞춘 문화상품이다. 이는 화장품을 판매하는 사람들이 다 아는 이야기인데 소비자만 모른다.

나는 2개월치 월급을 쏟아 부어 무언가를 사면 그것이 실용성도 떨어지고 실질적으로 대단한 게 아니라도 그것으로 인한 기분 상승 같은 정신적 가치를 내가 지불한 가격에 포함시킨다. 화장품이야말로 정신적 가치가 상당한 제품이라 일찍이 나는 비싼 '가격'으로 화장품을 평가하지 않았다. 전혀!

소비자는 화장품을 통한 정신적 가치를 상당히 높게 평가해 현혹당하면서도 겉으로는 언제나 '성능', '효과'를 찾아 헤매는 고객인 체할 뿐이다. 자신도 모르게 여성들은 좀더 비싼 화장품을 통해 자기 꿈이 실현되고 있다는 느낌을 받고 싶어 한다. 정신적인 만족감의 비용이 더해졌다고 하면 되겠다. 이런 것들을 꿰뚫고 합법적인 선에서 사기 아닌 사기를 친다.

비싼 화장품, 수입 화장품이 더 좋다?

비싼 화장품이 더 좋다. 그러나 비싼 화장품이 전부 비싼 만큼 값어치를 다하는 것이 아님은 확실하다.

1만 원짜리 크림과 10만 원짜리 크림이 있다. 가격 차이가 무려 10배다. 효과도 당연히 10배? 아니다. 3배 정도 좋다고 생각하면 족하다. 그 정도 값어치도 못 하는 제품들이 수두룩하다. 판단은 소비자의 몫이다. 원료는 거기서 거기다. 만드는 데 들어가는 원료도 가격이 거기서 거기다. 그렇다고 저가나 고가 제품이 모두 거기서 거기라고 생각하면 오산! 확실히 기술력의 차이는 있으며 자본력 있는 세계적인 회사들이 세계적인 연구원들을 데리고 있고 고급 원료도 독점한다.

대형 브랜드에서 유통 단계별로 중저가와 고가 제품을 내놓는다. 고가 브랜드, 중가 브랜드, 저가브랜드이다. 어느날 연구원들과 만난 자리에서 너무나도 궁금했던 질문을 던진 적이 있다. "A, B, C 모두 D사의 브랜드인데 가격대의 차이는 크잖아요. 그만큼 정말 제품에도 큰 차이가 있는 거예요? 아니면 판매를 위한 마케팅의 일환으로 타깃에 따라 그냥 나누어 놨을 뿐인 거예요?" 대답은 하지 않고 연구원들 둘이서 서로 마주보며 한 번 웃고, 나를 보며 의미심장한 웃음을 날렸던 그날을 잊을수가 없다. 원료와 기술이 고급인 것은 사실이지만 그렇다고 피부에 미치는 영향으로 직결되지는 않는다.

전 세계에 수많은 원료 생산 공장이 있고, 그 생산 공장이 모든 브랜드와 거래하는 것은 아니다. 원료의 차이는 인정해야 하며, 독점계약일 경우 디올 립스틱에 사용된 특정 원료를 우리가 얻기는 불가능하다. 절대 디올 립스틱과 동일한 제품을 만들어낼 수 없다는 뜻이다. 딱 이 정도로 생각하면 되겠다.

명품 화장품이라 함은 보다 전문적으로 독특한 아이디어와 과학성을 통해 새로운 제품을 만들어내면서 전문가와 소비자에게 모두 좋은 평가를 받는 브랜드일 뿐이다. 이 사실을 명심하자.

제품이 좋으면서 비싸면 상관없다. 문제는 비싼데 좋지 않은 것은 물론이요, 심지어 피부에 나쁜 고가 제품도 엄청나다는 사실이다.

브랜드를 따지기보다 자신의 피부 상태를 정확히 알아가는 것이 중요하다. 또 그 효과를 좀더 객관적으로 살피는 눈을 길러 좋은 제품을 찾아내야 한다.

트렌드를 버리고
스타일을 찾자

13

트렌드에 속지 마라. 거기서 거기다. 정말 완벽한 피부, 화려한 화장술이 아니면 별 차이 없다. 피부에 잘 맞는 제품을 골라 쓰는 게 진짜 스킬이다! 물광까지는 좋았다. 충분히 납득이 간다. 그런데 이제 윤광이라니. 잘 쓰지도 않는 단어를 억지로 붙여가며 트렌드에 따라 꼬옥 하나 더 구입해야 하는 것마냥 소비자들을 현혹하고 있다.

'윤광'이라는 단어를 처음 들었을 때 왜 닭살이 돋았을까? 옷은 유행보다 체형에 맞는 자기만의 스타일이 중요함을 인정하면서 화장품은 지나치게 트렌드에 민감하게 구는 게 아닌가 싶다.

동안 메이크업, 물광 메이크업, 쌩얼 메이크업, 투명 메이크업, 스모키 메이크업 등등 지난 2년간 연예인들을 시작으로 유행한 메이크업의 여러 방법들이다. 과연 화장에 유행은 있는 걸까. 결론부터 말하면 '없다'. 이제 트렌드 자체가 의미가 없다는 말이다.

한때 여름에는 태닝 메이크업과 화이트닝 메이크업, 겨울에는 보습 메이크업 등 계절을 구분하는 트렌드가 있었다. 하지만 이제 그 같은 구분이 무너졌다. 여름에 부츠를 신고 겨울에 샌들을 신는 등 시즌의 개념이 사라진 지 오래다. 화장도 시즌리스seasonless가 되었다. '트렌드가 없는 게 트렌드'라고 할까. 그 대신에 1년 내내 다양한 메이크업을 연출하게 되었다. 메이크업은 때가 있는 게 아니라 자신의 개성에 맞추면 어울리는 시대가 도래했다.

매달 잡지에서 제안하는 트렌드와 신제품에 집중하는 대신에 자신의 색깔, 스타일, 개성 있는 얼굴에 집중하자. 성격이나 말투, 즐기는 옷이나 헤어스타일, 눈, 코, 입 하나하나까지 모두 다르다. 일률적인 메이크업 스타일과 인기 컬러들은 결코 모두의 짝이 될 수 없다. 자기 스타일을 모른다면 지금부터 화장품 구입을 멈추고 자신을 살필 시간이다.

내가 생각하는 아름다움은 개성과 건강함, 자신감이다. 시대가 원하는 트렌드에 자기 얼굴을 맞춰가는 것만 배웠지 개성과 건강함은 잃어버렸다. 굳이 우선순위를 따지자면 건강함이 먼저. 건강한 피부와 표정, 생각을 갖추면 자신감은 따라오고, 결국 어떤 것을 쫓아가기보다 자신을 사랑하고 자기만의 개성을 고집하게 된다.

❋ 화장품 쇼핑 잘하기

화장품 쇼핑에서 챙길 것은 돈만이 아니다. 한없이 부드럽고 공손한 것과 만만한 것은 분명 차이가 있다. 만만하게 보이면 질 것 같아 애써 까칠하게 구는 사람이 있는데 역효과만 낳는다. 말도 안 되는 서비스와 거짓으로 나를 대하지 않는 이상 인상을 풀어라. 야들야들하게 다가가라. 화장품 쇼핑이 두려운 이유는 잘 모르기 때문이다. 아무것도 모르는 채 골라야 하니 점원한테 질 것 같은 생각이 든다. 잘 모르기 때문에 귀가 열리고 팔랑거리고 휘둘린다. 여러 번 당했다고 점원의 말을 무조건 무시하려는 태도도 옳지 않다. 많이 알아본 후에 확실하게 계획하고 가서 구입하자. 혹시 생각도 못 했던 제품이 좋아 보이거나 점원이 권한다면 메모를 해달라고 부탁해라. 돌아와서 다시 그 제품에 대한 정보를 알아본 뒤에 구매하는 것이 좋다.

❋ 백화점에서 샘플 많이 받기

가기 전에 원하는 샘플을 5~10개 정도 생각해두어라. 그리고 당당하게 요구해라. 일단 샘플을 달라고 해라. 구매한 금액에 맞는 샘플을 줄 것이다. 꺼내 주면 서둘러 가방에 쑤셔 넣지 말고 그 자리에서 뭘 줬는지 확인해라. 점원이 챙겨준 건 준 것이다. 이제 내가 목록에 적어 간 샘플을 요구해라. 절대 주었던 샘플을 다시 빼앗지 않는다. 가능한 한 목록에 있는 샘플들을 챙겨줄 것이다.

추천한다고 다 사오지 않도록 하자. A사 제품 하나가 나와 잘 맞는다고 그 브랜드의 제품으로 통일하는 것은 어리석다. 한 제품이 나와 잘 맞는다고 모든 제품이 다 그러리라는 믿음을 버려라. 화장품에도 갖추어야 할 기본 아이템이 있다. 옷과 마찬가지로 화장품도 늘 비싼 것만 고집하고 비싸야 좋다고 생각하는 사람들이 있는데 브랜드가 아니라 제품을 사자!

스킨케어는 브랜드마다 고유 성분이 달라 질적인 면에서 차이가 많이 난다. 반면에 색조 제품은 브랜드마다 색의 종류나 발색력만 다를 뿐 거의 도토리 키 재기다. 클렌저, 에센스, 컨실러와 같이 비싼 가격을 지불해도 아깝지 않은 제품이 있는 반면에 아이크림, 마스카라 등 저가 제품으로도 효과를 볼 수 있는 제품이 있다. 적당한 선에서 조율하는 것도 똑똑한 화장품 소비 습관이다. 돈이 한정되었다면 베스트셀러도 좋지만 스테디셀러 위주로 구매하는 것이 좋다.

화장품을 골라보자

우리는 매장에 들르기에 앞서 인터넷으로 찾아보는 것이 일상이 되었다. 나는 화장품을 구입할 때 제품에 대한 후기를 보지 않는다. 맞든 틀리든 내가 쓰고 판단하고 싶다. 그 대신에 판매 사이트와 공식 사이트를 뒤지고 타 브랜드의 비슷한 상품들을 찾아 비교한다. 전성분을 확인하기도 하고 없는 것은 본사에 일일이 전화해 성분을 메일로 받는다. 샤넬의 경우에는 유일하게 전성분을 문서로 공개하지 않는다기에 전화기를 붙들고 일일이 받아 적었다. 그렇게 쭉 목록을 적어놓고 일주일을 보낸다. 모든 확인 과정을 마치고도 필요하다고 판단되면 매장으로 달려간다. 테스트해본 후에는 결국 감으로 때려잡는다.

광고 문구는 읽고 나서 한번 비웃어준다. 별것도 아닌데 멋지고 대단한 듯이 써놓는다. 가끔 진심으로 그 단어 하나하나에 감동한 적도 있다. 어쩜 이렇게 아무것도 아닌 것을 유식해 보이게, 길게, 멋지게 썼을까? 도대체 누가 썼을까? 정말 내가 봐도 혹해서 구입하고 싶게끔 써놓은 글들이 있다. 정말 글솜씨에 감동한다.

반드시 자기 피부에 맞는 제품을 고른다　　　다소 민감하다면 알코올이 성분 목록 앞쪽에 표시되어 있거나 향이 첨가된 제품은 피하는 편이 좋다. 사용감은 테스트를 해보자. 손등이나 턱선에 발라보고 잠시 쇼핑을 즐긴다. 그 후에 살짝만 만져보면 나한테 맞을지 안 맞을지 정도는 알 수 있다.

겹치는 제품인지 확인한다　　신제품에 대한 좋은 이야기를 들으면 써보고 싶게 마련이다. 그러나 그 제품이 들어옴으로써 밀려날 다른 것이 있는지 생각해보라. 특히 색조 제품은 필요 없는데도 자꾸만 사게 된다.

성분 표기/사용법/주의사항이 확실한지 확인한다　　아예 밝히지 않은 제품들도 은근히 많다. 국내 수입해 팔면서 한글 안내는 어디에도 없고 성분도 확인 불가다. 사용법도 따로 없고 주의사항 따위를 듣기는 하늘의 별따기다. 필요한 사항들을 명확하게 밝혀 소비자를 고려한 제품인지 확인해라. 성분 표기가 안 되어 있어 전화해서 물어보면 굉장히 많은 수입 브랜드들이 정색을 한다. 귀찮아하는 티를 내기도 한다.

　　CGMP(FDA 의약품 품질관리기준) 인증 시설에서 생산한 제품은 믿을 만하다는 이야기를 많이 들었다. 그런데 그야말로 국제적인 수준의 시설이나 위생 상태만 갖추었는지 그런 시설에서 생산해 대기업을 통해 판매되는 제품도 효과 미달로 리콜되니 믿을 수가 없다.

품목별 우위에 있는 제품을 고려해보는 것도 한 가지 방법이다　　안티에이징, 자외선 차단제는 미국, 파우더는 일본, 펜슬류는 독일, 향수는 프랑스 등 다른 재화와 마찬가지로 기술적으로 우위에 있는 국가의 브랜드를 사용하면 큰 실수가 없다. 물론 기초 제품은 거의 믿을 것이 못 된다.

　　흔히 기초 제품은 비싼 걸 고집하면서 색조 제품은 싸나 비싸나 똑같다고 이야기하는 사람들이 있다. 결코 그렇지 않다. 기초 제품도 비싼 만큼 비싼 원료와 기술력의 집합체로서 그만한 가치를 하는 경우가 있지만 전혀 그렇지 않은 것이 태반이다. 그저 "뭘 넣었다", "뭐가 좋다" 하며 소비자를 현혹한다. 광고로 확실하게 붙잡아 실제로는 전혀 효과가 없는데도 왠지 계속 사용해야 할 것만 같게끔 만드는 놀라운 능력이다. 이거야말로 진짜 기술력이다. 색조 브랜드는 써보면 바로 안다. 저질 안료와 펄을 이용해 좋은 색조 제품을 만들어내기는 힘들다.

없는 게 아니라 필요한 것 사기

없어야 부족함을 알지 많으면 무엇이 부족한지 찾기 어렵다. 스킨케어에 눈을 뜸과 동시에 기능성 제품과 색조에 눈을 뜨면서 우리는 꼭 갖춰야 할 목록부터 챙긴다. 그러나 내게 꼭 필요한 제품이 있는 반면, 절대로 필요 없는 제품도 있다. 그게 초베스트셀러라도 마찬가지다. 우리 스스로 유도한 피부 과부화가 재생력과 면역력을 떨어뜨렸다. 그것을 또 화장품으로 해결하려고 드니 악순환의 연속이다.

메이크업을 안 하는 날이나 쉬는 날에 나는 세수도 잘 안 한다. 거지같이 하고 있으면 식구들은 꺼려해도 피부가 확실히 편안해졌음을 느낀다. 잠자리에 들기 전에 부드럽게 세안한 후 토너로 가볍게 닦아내고 로션만 달랑 바르고 잔다.

일주일에 한 번쯤은 피부를 쉬게 해보자. 토너와 시트 마스크만 있으면 땡이다.

기본적인 피부 상태는 병원에서 확인할 수 있겠지만 의사는 절대로 화장품을 맞춰주지 못한다. 기계나 육안으로는 절대 드러나지 않는 피부의 문제점이 메이크업으로 인해 발견되기도 한다. 스스로 끊임없이 관심을 갖고 관찰해야 한다. 무조건 좋다는 것을 많이, 쉬지 않고 발라서는 평생 자기 피부를 제대로 파악하기 힘들다. 적게 바르고 모자란 대로 더해가며 피부 상태를 알아가는 것이 잘 맞는 화장품을 구입하는 시작이다.

언제나 좋은 것만 찾고 완벽한 문제해결을 고집하는 것은 좋은 근성이지만 화장품에서는 꼭 그렇지도 않다. 적당히 만족할 줄 알아야 피부도 쉬는 법이다.

나는 번짐이 심한 눈이어서 자극적이지만 꼭 필요한 날에는 키스미 마스카라를 사용한다. 전혀 안 번지는 것은 아니어도 다른 브랜드 제품에 비해 굉장히 효과적이다. 더 대단한 것은 기대하지 않는다. 앞으로 더욱 완벽한 마스카라가 출시되겠지만 분명히 뭔가 더 들어가고 더 자극이 될 것이다. 지우기도 쉽지 않을 것이다. 조금 귀찮더라도 피부와 적당히 타협하는 자세가 중요하다. 아침에 한 번 곱게 씌워놓고 밤까지 끝장을 볼 생각으로 덤비니까 돈은 돈대로 피부는 피부대로 자극을 받는다.

성분으로만 화장품을 고른다?

왜 성분 이야기는 하지 않느냐고? 끝도 없다. 그러나 성분만으로는 절대 화장품을 평가할 수 없다. 굉장히 어리석은 짓이다.

예를 들어 키엘 울트라 페이셜 크림을 보자. 성분으로 따지면 하찮고 별 볼일 없는 보습크림에 불과하다. 그러나 마니아가 많다. 심지어 고지식한 내 동생은 "언니, 나 평생 이것만 쓸래!" 한다.

항산화 성분은커녕 대단한 성분 하나 없이 가격은 4만 원. 그렇더라도 보습 효과와 그 사용감은 어떻게 설명할 거냐고. 도대체 외면할 수가 없다. 적절한 조율이 필요하다. 항산화 성분이 가득하면서 사용감은 엉터리인 제품도 많다. 과연 성분만으로 정말 쓸 만한 제품이 될 수 있을까?

성분을 따지는 행위 자체가 결국 피부 자극을 생각한다는 의미다. 우리가 선크림 혹은 자외선 차단제로 통칭하는 자외선 차단제만 보더라도 선스크린과 자외선 차단제로 구분이 가능하다. 선스크린은 물리적 차단 성분으로 UVA와 UVB를 모두 잘 차단하고 자극이 적지만 백탁이 생긴다. 그래서 요즘은 선스크린을 만들어내는 브랜드를 구경하기도 힘들다. 반면에 화학적 차단 성분의 자외선 차단제는 자외선을 흡수해 피부 위에서 분해하는 방식으로 자외선을 차단한다. 선스크린보다 자극적이고 효과도 떨어진다는 게 업계의 설명이다. 그렇다면 저자극을 좇아, 성분만을 생각해 백탁 현상이 있는 선크림을 바르고 다닐 것인가. 뭐, 그럴 생각이라면 오직 성분만으로 해결이 가능하겠다.

❋ 이니스프리 올리브 리얼 스킨 – 125ml, 1만 2천 원대
알코올이 상당히 앞쪽에 있다. 그런데 사용감은 좋다. 무조건
성분 보고 선택했다면 절대 구입하지 않았을 제품이다.
그래서 화장품의 화학 성분이 두려워 전혀 바르지 않을 생각
이 아니라면 성분만으로 따지는 데는 영원히 반대 입장이다.
성분만을 기준으로 삼는다면 화장품을 바르지 말아야 마땅하
며, 이는 기본적으로 여자들이 메이크업을 않는 것에서 새롭
게 출발해야 한다. 제아무리 순한 것으로, 천연으로 도배하고
심지어 집에다 연구실을 차려 그날 만들어 그날 쓰고 버린다
한들 메이크업을 깨끗이 지워야 한다는 점에 비추어 보면 답
이 안 나온다.

방부제를 걸고넘어지는 사람들도 있다. 천연 방부제를 사용했을 뿐 무방부제 화장품
은 없다. 합성 방부제보다 천연 방부제가 피부에 안전하다는 사실을 모르는 사람이야
없겠지만 유통기한이 많이 짧아지고 방부 효과도 떨어진다. 취급에도 상당한 주의를
기울여야 한다. 방부제보다 무서운 것이 오히려 변질되고 오염된 화장품이다.

❋ 키엘 울트라 페이셜 크림 – 50ml, 3만 7천 원대
성분으로 따지면 평범하지만 보습효과와 사용감은 많은 사람들이 인정할 만큼 좋다.

❋ 베네피트 두잇 데일리 – 60ml, 4만 2천 원대
촉촉하지만 리치하지 않은 산뜻한 제품. 너무 건조해서 에센스부터 로션, 크림까지
꼭꼭 챙겨 바르는 사람의 경우 바로 그 '로션' 단계에서 사용하기에 정말 괜찮은 제
품이다.

피부과에 갔노라, 짰노라, 흉졌노라

14

단 몇 줄의 말로 그분들의 철학에 대해 단정 지을 수는 없지만 최대한 약이나 기계적 치료는 줄이고 환자의 생활습관이나 피부 관리법에서 답을 찾으려고 하는 의사들이 있다. 그럴수록 주머니는 가벼워지는데 말이다. 단순히 먹는 약, 바르는 약, 기계 치료로 피부를 고치는 것이 아니라 환자가 병원을 떠나서도 지속적으로 피부를 지켜나가도록 이끈다. 병원에 다니는 동안 그 습관들을 바로잡기 위해 애쓰는 의사들이 있다는 말이다.

물론 힘든 과정인 게 사실이다. 자신의 숨겨진 나쁜 습관들은 스스로도 찾아내기 쉽지 않다. 나도 수없이 병원에 다녔지만 거의 10여 년 만에야 찾았다. 내시경으로 무엇을 먹었는지 찾아내는 식의 방법은 통하지 않는다.

얼마나 깊은 대화가 오가는지도 중요하다. 마인드가 좋은 의사라도 대화하는 방법, 의사의 성격, 그리고 환자의 성격에 따라 깊이 있는 대화가 어려울 수 있기 때문이다.

그 방법은 통하지 않더라도 마인드를 갖춘 점이 중요하다. 절대 욕심내서 치료하는 법이 없다. 약을 과하게 처방하지 않는다. 자기 딸처럼 부인처럼 관리해준다는 느낌을 받게 된다. 피부과라고 피부 치료를 약과 기계에 의존한다면 절대 좋은 의사가 아니다. 평생을 믿고 맡길 주치의로서 자격이 없는 셈이다.

문제는 우리에게 달려 있다. 인터넷으로 어설프게 검색해서, 시술에 대해 제대로 알지도 못하면서 이름만 듣고 혹은 누가 좋다니까 자신에게 맞는 시술인지 아닌지도 모른 채 '스킨케어'가 아닌 '시술'을 위해 병원을 찾는다. 그리고 원하는 시술을 받고 돌아온다. 이들은 대개 매번 병원을 달리하거나 무슨 시술 5회 얼마, 10회 얼마 하는 식으로 패키지의 가격만 보고 선택한다.

빨려 들어갈 듯한 친절함을 지닌 여의사를 만난 적이 있다. 그 친절함과 따뜻함은 평생 다녀본 병원들 중 최고였지만 피부 치료를 위한 철학은 그야말로 교과서적이었다.

피부과, 어디가 좋아?

요즘은 스킨케어에서 굉장히 고가의 기계들을 사용한다. 스킨케어에 쓰이는 기계들은 계속 개발 중이다. 오래된 피부과의 이름 있는 의사는 '경력'을 내세우며 시술에 신뢰를 부여한다. 생긴 지 얼마 안 되는 피부과의 젊은 의사는 젊기 때문에 새로운 기계들의 사용법을 '빨리 익힘'을 내세운다.

둘 다 무시하기 힘든 부분이다. 기본 마인드를 갖추었다면 기계를 잘 다루어야 한다. 요즘은 기계를 통해 대부분의 관리가 이루어진다. 의학 지식이 최고라고 한들 기계를 사용하는 손재주가 없으면 헛방이다. 수없이 다양한 피부 상태를 정확히 파악하고 병변에 잘 맞는 기계, 강도 등을 잘 조절해 사용하는 의사들이 있다. 기가 막힌 손재주에 박수를 쳐주어야 한다. 보통은 그렇지 못한 사람들이 시술 후에 피부를 뒤집어놓거나 상처를 많이 입힌다. 경력이 많으면 좀더 익숙한 게 사실이지만 늘 새롭게 개발되는 기계에도 익숙하기란 또한 쉽지 않다. 어쩌면 기계에 밝고 젊은 의사들이 기계를 잘 쓴다는 말도 어느 정도 맞는 듯하다.

피부과의 꽃은 피부관리실의 언니들이다. 남다른 손맛을 자랑하는 언니들! 정말로 의사만큼이나, 때로는 그 이상으로 중요하다. 의사만 보고 병원에 갔다가는 큰코다친다. 요즘은 모든 병원이 다 친절하지만 피부관리실 언니들이 친절하다고 피부가 좋아지지는 않는다.

여드름이 나서 피부과나 한의원에 가면 보통은 여드름을 짜는 것부터 치료가 시작된다. 이때 여드름을 기가 막히게 잘 짜는 언니들이 있다. 비슷한 교육을 받고 그 자리에 앉았겠지만 모든 일이 그러하듯 잘 맞고 뛰어난 기량을 발휘하는 언니들이다. 차이를 확확 느낄 만큼 안 아프게 짜는가 하면, 남김없이 완벽하게 짜낸다. 무엇보다 한방에 KO다.

당연하지 않은가 싶겠지만 아니다. 집에 돌아왔을 때 상처가 염증을 일으키게 만드는가 하면 얼굴을 들고 다닐 수 없는 검붉은 자국을 만들어 놓기도 한다. 흉터를 남기는 충격적인 경우도 있다. 의사는 마음에 들었지만 관리실 언니들 때문에 병원을 바꾼 일이 두어 번 있다.

관리사를 잘못 만나면 공들여 지어놓은 피부 농사를 한 방에 갈아엎는 수가 생긴다. 한철 여드름이겠거니, 피부과에 가면 낫겠거니 하고 찾았지만 더 심해지지도 한다. 그토록 친절했던 언니가 집에 돌아와 하루하루 지내면서 호환 마마보다 더 무서운 존재로 바뀌는 수도 있다.

한의원에서도 스킨케어가 가능하다

한약 못 먹는다고 뻥을 쳐봤더니 침만 놔주는 건 안 된다고 하질 않나. 심지어 재생침도 침만으로 관리하지 않고 반드시 피부과적 관리 시술을 포함시켜 고가에 시술한다. 먹고살기 위함이니 어쩔 수 없지만 한의사들이 수익을 위해 온갖 방법을 동원한다면 소비자들도 많이 알아본 후에 알 건 알고 시술받을 필요가 있지 않겠는가.

요즘 사람들은 일반적으로 양방 피부과보다 한방에 훨씬 관대하다. 나처럼 양약을 몸서리치게 싫어하는 사람도 많은데다 한약은 무조건 좋다고 생각한다. 피부를 위해 어떠한 곳을 선택할지는 본인들의 몫이다. 한약이든 양약이든 먹지 않고 간단한 시술만으로 치료 가능한 피부가 있고, 그럴 경우에는 굳이 한의원이 더 낫다거나 결코 더 저렴하면서 효과적이라고 말하기 힘들다. 한의원에서 흔히 "우리는 효과가 서서히 나타나지만 자극이 적다"고 말한다. 약을 한 달 이상 먹고 발라야 하는 경우라면 한의원이, 트러블이 심하지 않거나 트러블 이후의 자국, 흉터 등은 피부과가 좋다.

한의원 치료가 아무리 좋아도 꼼꼼하게 확인해보아야 할 부분이 있다. 기억해야 할 것은 요즘 피부를 전문으로 하는 한의원, 특히 여드름 전문 한의원들이 수익을 위해 양방과 통합된 시술을 펼치는 경우가 꽤 많다는 점이다. 한의원이지만 자국이나 흉터 치료를 위해 찾아가면 침이 아니라 약물을 이용해 피부과에서와 같은 필링을 시술한다. 그럴 바에야 굳이 한의원에 가서 드러누울 일은 없다.

양방이 아닌 한방을 찾는 사람들은 분명히 이유가 있다. 한의원이라고 무조건이 아니라 피부 자생력을 회복시키는 침 치료를 하는 곳을 찾아야 한다. 침을 맞는다고 순식간에 새살이 돋는 것이 아니다. 오랜 트러블로 인해 세포 재생력이 떨어진 피부의 진피층을 자극해 세포가 재생될 수 있도록 돕는다. 어떤 것을 이용해 어떻게 흉터를 치료하는지 꼼꼼히 살펴보고 결정하자. 레이저 치료를 잘하는 병원이 있고 그렇지 못한 곳이 있듯이 한의원의 침 치료도 마찬가지다. 기술과 노하우의 차이가 있으니 잘 알아봐야 한다.

여드름 자국은 관리를 잘하면 한두 달 이내에 자연스럽게 없어지는 경우가 많다. 나도 그랬다. 그러나 같은 자리에 계속해서 여드름이 나거나 잘못 짜면 흉터로 남게 된다. 여드름이 전혀 줄어드는 기미가 없고 한창 진행 중인 상황에 받는 레이저 토닝은 어리석은 짓이다. 병원에서는 다르게 이야기하겠지만 그렇게 돈을 쓰고도 재발하면 정말 천불이 나게도 다시 원점이다. 여드름 흉터나 자국, 잡티를 없애주는 레이저 토닝은 트러블이 많이 나아졌을 때, 새로운 것이 거의 올라오지 않는다고 느껴지는 즐거운 순간이라야 효과적이고 경제적이다.

목돈을 모아야 하고 당장 금전적으로 여유롭지 못하다면 일주일에 한 번 정도의 각질 제거와 함께 진정 제품, 재생 세품을 써주는 방법도 많은 도움이 된다. 한방도 마찬가지로 여드름이 일단 진정되고 나서 자국이나 흉터 관련 침 치료를 해야지 계속 올라오는 상태에서는 효과가 없다.

요즘 화장품 광고에 많이 등장하는 '28일'! 건강한 피부는 보통 28일을 주기로 각질세포의 생성과 탈락이 이루어진다. 여드름이 오랜 시간 반복된 피부들은 재생 능력이 많이 떨어졌을 게 확실하다. 피부가 예민하기 십상이어서 어느 정도 진정되고 재생력을 회복할 때까지 기다리는 게 마땅하다는 말이다. 그런데 한의원에서는 침을 이용해 치료하기 때문에 예민한 피부는 문제가 안 된다.

코스메슈티컬? 약이야 화장품이야?

의사는 의학적으로 접근할 뿐 화장품을 모른다. 코스메슈티컬 전체를 부정하는 것은 아니지만 의사가 만든 화장품도 화장품이다. 피부과 의사는 똑똑해서 화장품을 더 잘 만든다고? 연구소에서 화장품 개발에 전력을 기울이는 연구원들이 바보는 아니다.

연구원들이 미처 생각하지 못한 의학적 소견이 있을지 모르지만 그 모든 것들이 '제품'이 되어 소비자의 손에 안겨지면 이야기는 달라진다. 화장품은 화장품일 뿐이다. 의사가 만들었다고 화장약이 아니다. 의사가 만들었으니 더 좋고 더 믿을 만하다는 무조건적인 신뢰가 옳은 것도 그른 것도 아니다. 그저 '화장품'이라는 생각으로 두루 살펴보고 비교해서 고르면 충분하다.

피부과 의사가 돈을 많이 벌기 시작하면 흔히 유통에 손을 댄다. 그러다 화장품이 대박 나는 경우도 있지만 큰 손해를 보는 일도 있다. 코스메슈티컬이 화장품으로서 좋으면 당연히 사용해야겠지만 병원에서 권하니까, 의사가 만들었으니까 무작정 구입하지는 말자. 적어도 아직까지는 돈 모아서 피부과에 가는 편이 낫다. 화장품은 치료가 아닌 관리다.

간혹 얼굴이 너무 칙칙하고 주근깨나 기미가 심하다며 제품 추천을 부탁하는 경우가 있다. 그 정도는 병은 아니지만 해결을 위해 치료가 필요한 단계다. 관리만 가능한 화장품이 그 문제를 해결할 거라는 기대 자체가 잘못되었다. 화장품 회사들은 화장품이 해결해줄 거라고 기대하게 만들지만 그게 효과가 있다면 강남의 모든 피부과는 문을 닫았을지도 모른다.

자신의 얼굴 상태가 화장품으로 회복 가능할지 여부를 판단하고 그에 맞게 소비하는 것이 오히려 절약하는 길이다. 비싼 피부과 대신에 화장품을 붙들고 있다고 더 저렴한 것도 아니고 화장품으로 가능한 관리를 무조건 피부과에 의지하는 것도 옳지 않다.

화장품으로 하는 홈케어는 위험이 크지 않지만 제대로 해보려고 들면 비용이 적지 않게 들고 그나마도 꾸준히 해야 미미한 효과라도 본다. 피부과 시술은 강력하면서도 즉각적인 효과가 있다. 단, 비용이 비싸고 자칫 병원이나 의사를 잘못 만나 완전히 낭패를 경험하는 경우가 있다.

분명한 사실은 치료를 원하면 화장품이 아니라 피부과를 선택해야 한다는 것. 화장품은 예방과 유지를 겨우겨우 도와줄 뿐이다. 치료 효과를 운운하는 고가의 제품 역시 가격은 시술에 맞먹으면서 효과는 현저히 떨어진다. 홈케어를 게을리 하라는 뜻이 아니라 기대치를 좀더 낮추어 적당히 하라는 소리다.

피부과의 패키지에 주의하라　　피부과를 가겠다고 마음을 먹으면 보통 인터넷으로 검색을 많이 한다. 그 가운데 보기 좋게 낚여서 여러 피부과 사이트에 들어가면 IPL 몇 회, 레이저토닝 몇 회에 얼마 등등 다양한 패키지 상품을 먼저 만나게 된다. 그에 따라 우리는 가격비교를 하게 되고 저렴한 병원을 선택해 방문한다. 비싸고 싸고의 문제가 아니라 문제는 패키지 그 자체다. 내 피부 상태가 어떤 줄 알고 IPL만 계속 받을 것인가. 무엇이 문제라고 확신하기에 레이저토닝만 패키지로 계속 받을 생각인가. 각자의 다양한 피부상태에 따라 필요한 시술은 모두 다르다. 그 시기에 유행한 시술이 내게 맞는 시술은 아니라는 것이다. 또한 1회, 2회 치료를 거듭해가는 과정에서 피부상태가 어떻게 바뀔 줄 알고 하던 시술을 똑같이 그대로 한단 말인가. 패키지 상품에 현혹되지 말고, 가격 때문에 굳이 패키지 상품을 택하겠다면 피부상태에 맞게 다양하게 조절 가능한 패키지가 있는지를 먼저 알아보는 것이 좋다. 물론, 무조건 저렴한 가격을 따라 다니는 일은 하지 않을 것이라 믿는다.

꽃단장하기
2
색조
보디케어
hair gel
WAX

베이스냐, 프라이머냐

프라이머가 처음 대중에게 알려졌을 때 프라이머와 베이스 둘 다 쓰는 사람들이 굉장히 많았다. 당시 백화점 매장에 물어봐도 마치 꼭 그래야 하는 것처럼 둘 다 바르는 방법을 가르쳐주었다.

메이크업에서 완벽한 피부 표현보다 더 중요한 것이 있을까? 그만큼 파운데이션이 중요하고, 그것만으로 안 되는 피부는 프라이머나 베이스에 의존하는 수밖에 없다.

어느날, 두꺼운 피부에 모공이 넓고 유분까지 많은 가까운 동생에게 메이크업을 해준 적이 있다. 프라이머와 베이스를 적절히 이용하여 메이크업을 했었는데, "언니, 밤 12시까지 끄떡없었어!"

메이크업 아티스트가 아닌 내가 생각해도 놀라운 일이었다.

메이크업 프라이머란 메이크업을 시작하기 전에 피부를 정돈하는 뷰티 아이템을 말한다. 프라이머는 영양과 보습 성분으로 거칠고 불안정한 피부를 촉촉하고 매끈하게 만들어 메이크업의 밀착력을 높인다. 실리콘이나 왁스 성분이 들어 있어 피부 표면에 균일하게 얇은 막을 형성하거나 펄을 함유해 피부 결점을 보완하기도 한다.

메이크업베이스　　피부컬러로 피부톤을 보정하는 아이템이다. 그린은 여드름이나 피부 잡티를 효과적으로 가리고, 칙칙한 피부는 바이올렛을, 피부를 뽀얗게 표현하고 싶을 때는 화이트를 사용한다. 반면에 메이크업 프라이머는 피부색을 보정하는 게 아니라 표면을 깨끗하게 정돈해준다. 울퉁불퉁한 요철을 매끈하게 다듬어주는 역할이다. 피부색을 커버하려면 메이크업베이스를 사용하거나 피부색를 보정하는 기능성 프라이머를 선택하는 것이 좋다. 요즘은 파운데이션도 워낙 잘 나와서 제대로 들어맞는 컬러만 찾으면 베이스를 바르지 않아도 전혀 문제가 되지 않는다. 메이크업베이스가 피부를 보호해 줄거라는 생각으로 사용중이라면 중단해도 좋다. 재구매는 더 이상 필요 없다. 베이스야 말로 발라도 그만 안발라도 그만인 제품중 하나다. 피부상태를 꼼꼼히 따져 확실한 필요를 느낄 때에만 구매하는게 좋다.

프라이머　　메이크업 프라이머라고 하면 피부 표현을 위한 제품을 지칭하는 경우가 많지만 포인트 메이크업을 위한 아이섀도 프라이머, 립 프라이머, 마스카라 프라이머도 있다. MAC의 프랩 프라임 립은 실리콘 성분이 입술의 잔주름을 채워 립 제품이 매끄럽게 발리도록 돕고, 프랩 프라임 아이는 눈가를 부드럽게 코팅해 잔주름을 가려주고 아이섀도가 잘 발리도록 돕는다.

프라이머와 베이스의 순서는 브랜드마다 제품마다 다르다. 아르마니의 경우는 한 브랜드 내에서도 제품에 따라 바르는 순시가 다르니까 여기저기 묻기보다 구입한 매장에 전화해 확인하는 것이 정석이다.

나만의 베이스 골라쓰기!

나는 미세한 펄 배합으로 은은하게 빛을 반사시키는 제품들을 좋아한다. 일단 모공에 대한 부담이 없기 때문에 베이스단계에서는 최대한 피부의 칙칙함을 없애는데 집중한다. 조금이라도 더 맑고 환해보이도록 애를 쓰기 때문에 안색을 밝히고 촉촉하게 만들어 주는 제품들이 나의 완소 아이템이다.

MAC 스트롭 크림은 너무나 흔하게 사용하는 제품이지만 오전시간의 기초단계를 최대한 줄이는 나에게 없어서는 안 될 촉촉한 베이스다. 모공, 잡티, 피부톤 문제로 고민이 크다면 전혀 도움이 안될 제품이지만 이 제품을 즐길 수 있다는 것은 암울했던 내 피부상태가 중간이상의 수준으로는 확실히 돌아왔음을 증명하기 때문에 늘 기쁜 마음으로 사용하는 제품이다.

피부상태에 맞게 베이스만 잘 골라서 써도 메이크업에 있어 굉장한 효과와 자신감을 얻을 수 있다. 아래에서 해당되는 것을 골라 살펴보자.

지성피부　　지성피부이면서 피부톤이 화사한 경우는 거의 없고 메이크업이 오래 지속되지 않고 쉽게 지워진다. 게다가 트러블까지 동반하는 경우가 많다.

이런 사람들에게는 피지컨트롤 기능이 있는 베이스를 추천한다. 지성피부의 베이스는 기본적으로 마무리감이 매트해야 한다. 또한 모공이 넓은 경우가 흔해서 앞서 말한 프라이머들이 피지를 조절하고 모공까지 커버하는데 모공 상태가 그리 심하지 않다면 슈에무라 UV언더베이스도 괜찮다.

지성피부용 베이스와 프라이머는 손으로 대충 펴서 바를 경우 두껍게 발리고 뭉치는 경우가 많다. 또한 잘 밀리는 제품들이 많아서 무엇보다 양조절이 중요하고 얇게 제대로 커버해야한다. 손보다는 라텍스를 이용해 아주 얇게 펴 주는 것이 효과적이고 지속력도 좋다.

특히 지성피부들이 많이 사용하는 베네피트 닥터필굿은 내장된 스펀지가 별로라서 비효율적이다. 돈을 더 주고라도 질이 좋은 라텍스를 따로 구입해 사용하면 기대 이상의 효과를 볼 수 있다. 녹말성분이라 지저분해지지 않게 잘 관리하고 최대한 빠른 시간 안에 사용하는 것이 좋다.

중성피부　　트러블이나 잡티고민도 없고, 유분이나 건조함도 문제되지 않는 건강한 중성피부라면 사실상 베이스나 프라이머가 필요가 없다. 자칫 얼굴만 답답해질 뿐이고 요즘은 파운데이션들이 워낙 잘 나오기 때문에 충분히 만족할 수가 있다. 그래도 뭔가 하나는 더 바르고 싶다면 목적을 분명히 할 필요가 있다.

미세한 펄입자로 피부의 칙칙함을 없애고 싶다면 에뛰드 하우스 진주알 수분 메이크업 에센스를 추천한다. 수분크림 효과가 있다고 하는데 실제로 그렇지는 않다. 건성이 쓰기에는 부족하다는 느낌이 든다. 그러나 저렴한 가격에 안색을 밝히는 효과를 줄수 있어 중성이나 복합성피부가 사용하기에 적당한 제품이다.

피부를 매끄럽게 만들면서 항산화케어를 하고 싶다면 레브론 에이지디파잉 인스턴트 퍼밍 페이스 프라이머가 좋다. 국내에서는 구하기 쉽지 않은 제품이지만 인터넷을 뒤져보면 구매할 수 있다. 피부를 정돈하는 프라이머 효과가 있으면서 항산화 스킨케어 효과를 자랑하는 제품이다. 이 제품은 밀리지 않게 얇게 바르는것이 관건이다.

그저 맑고 촉촉한게 좋다면 MAC 스트롭 크림이다. 트러블이 없고 특별한 피부문제가 없다면 피부톤을 밝히면서 수분을 공급할 수 있는 제품으로 딱이다. 간혹 과한 펄을 고집하는 사람들이 있는데, 티나지 않게 안색을 밝히려면 그 펄이 본인의 눈에는 잘 띄지 않고 조명이나 자연광아래 있을 때 얼굴에서 광채가 살아나는 정도여야 적당하다.

건성피부　　건성피부는 쉽게 건조해지고 메이크업이 들뜨기 쉬운 피부다. 모이스춰라이저에 촛점을 맞춰 촉촉하게 표현하는 것이 좋은데 베이스로 촉촉함을 오래 유지하는 데는 한계가 있다. 촉촉한 메이크업 베이스를 찾는 것 보다 쉬운 것이 메이크업 전 오일마사지나 마사지크림을 사용해 관리를 해주거나 혹은 시트마스크 이용하는 것이다. 이때 파우더까지 생략하면 훨씬 효과적이다.

메이크업 수정시 충분한 수분보충을 위해서는 MAC 스트롭 크림을 추천한다. 베이스의 촉촉함과 지속력으로 따지면 이만한 제품이 없다. 이 제품은 베이스 단계부터 미세한 광을 끌어올려주기 위해 바른다.

비슷한 아류들이 있기는 하지만 약간씩의 아쉬움들이 있다. 건조 외에는 그다지 피부문제가 없다면 굳이 베이스를 사용할 필요가 없다. 모이스춰라이저를 한번 발라 흡수시키고 두번에 걸쳐 한번 더 발라주는 것이 굉장히 효과적이다. 보통 건성피부의 경우 하이라이터 제품을 고를때 파우더타입 보다는 리퀴드 타입이 있으면 효과적인데 하이라이터를 주기위해 구입한 제품을 하이라이터와 베이스에 동시 사용하면 경제적인 효과까지 얻을 수 있다. 모이스춰라이저를 바르고 한참 후 모이스춰라이저에 리퀴드 하이라이터를 2:1로 섞어 베이스라 생각하고 베이스 바르듯 펴 바른다.

그다음 파운데이션. 필요에 따라 파운데이션 전후 하이라이터 부분
에 리퀴드하이라이터 제품만 따로 발라주면 끝! 화사해 보이는 효과까지
얻을 수 있다.

건성피부는 특정 제품으로 효과를 보기 보다는 보다 꼼꼼한 케어습
관을 들이는 것이 훨씬 경제적이고 효과적이다. 평소 마사지크림과 오일
마사지를 잘 이용하기만 해도 굉장한 효과를 볼수 있다. 단순히 펄에 의존
한 번들거림이 아니라 실제 수분감을 살려주는 것이 중요하다.

얼룩덜룩한 피부톤　　　피부가 군데군데 칙칙하여 톤이 균일하지 못한 경
우 보통 컬러베이스를 많이 써왔다. 그런데 이 컬러베이스라는 것이 얼굴
전체에 펴발랐을 때 칙칙한 부분만 골라서 밝혀 주는 것도 아니고, 붉은기
가 있는 부분만 콕 찝어서 밝혀주는 것이 아니다. 그래서 오히려 요즘에는
심하지 않은 경우 파운데이션으로 다 해결을 본다. 중약정도 커버력의 파
운데이션이 대부분이기에 일단 아주 얇게 한겹 깔아준 뒤, 고민부위에만
얇게 한번 더 덧발라도 효과를 볼수 있다.

붉은기나 노란기가 심하다고 해도 파운데이션 컬러선택만 잘하면
효과를 많이 볼수 있는데 일반인들에게는 쉬운 일이 아니다. 백화점 매장
에서 붉은기, 노란기까지 감안해서 파운데이션 컬러를 골라주는 것도 아
니고 브랜드마다 파운데이션 컬러를 다 비교해서 골라야 하기 때문에 여
간 어려운 일이 아니다. 붉은기가 있다면 딱 그 부분에만 그린색상을 덧발

라 답답함은 없애면서 보정효과를 줄 수도 있고, 누렇게 떠 보이면서도 칙칙한 피부라면 핑크톤의 베이스를 전체에 바르면 된다.

보통의 피부톤, 혹은 태닝피부를 좀 더 화사하고 건강하게 보이고 싶다면 컬러베이스는 추천하지 않는다. 미세한 펄을 이용하거나, 파운데이션 컬러를 잘 고르는 것이 훨씬 도움이 된다. 컬러베이스는 특유의 색소 때문에 발림성은 조금 떨어지는 편인데 그렇다고 에센스나 로션을 섞어버리면 보정력이 떨어져버린다.

바를때는 먼저 적당량을 손등에 덜어 손끝에 찍어 원하는 부위에 톡톡 찍어 얹은 다음 손끝으로 가볍게 두드리며 밀착시킨다. 한번에 많은 양은 절대 안되고 눈으로 봐가며 소량씩 바르는게 중요하다.

잔주름이 많은 피부　　눈가와 입가의 표정주름, 굵은 주름을 베이스가 해결할 수는 없다. 아주 미세한 잔주름 정도만 효과를 볼수 있는데 요즘은 주름개선에 효과적인 베이스라며 고가의 안티에이징 베이스들도 많이 나오지만 별로 추천하고 싶지는 않다. 안티에이징을 하고 싶으면 기초케어에서나 하고 자외선 차단이나 꼼꼼히 하는 것이 낫다.

잔주름은 프라이머를 이용하는 것이 좋고, 피지조절 기능이 있는 프라이머가 아닌 보다 촉촉하고 매끈한 정도의 프라이머가 낫다. 아주 얇은 막을 씌운듯 펴발라야 밀리지 않으면서 어느 정도 효과를 볼수 있다.

기미, 잡티가 많은 피부　　베이스에는 기대를 버리기 바란다. 파운데이션과 컨실러를 이용해 전혀 두꺼워 보이지 않으면서도 커버는 되게끔 하는 것이 중요하다. 베이스대신 자외선차단제를 꼼꼼하게 발라주고 필요하다면 파운데이션의 밀착력을 높여주는 프라이머 정도만 바르는 것이 좋지만 그보다는 피부타입에 맞는 파운데이션을 골라, 파운데이션을 잘 밀착시켜 바르는 연습을 하는 것이 더 낫다.

　　컨실러와 파운데이션 두가지를 요리조리 잘 굴려가며 자연스럽고 두껍지 않은 커버를 연습 하는 것이 좋고 베이스를 사용할 것이라면 잡티를 고려하기보다 지성, 중성, 건성 등의 '피부타입'을 고려해서 선택하도록 한다.

검은 피부　　검은 피부로 고민하는 분들이 많은데 트러블 피부가 아님에 감사하는게 좋겠다. 검은 피부는 전혀 문제가 되지 않는다. 하얘지고 싶다는 욕심만 버리면 충분히 매력적인 피부가 될 수 있다.

　　밝은 베이스나 파운데이션을 써서 조금이라도 하얘질려고 하는데 하얘진다기 보다는 화장이 뜨는 경우가 생긴다. 그보다는 펄감이 있는 시머한 베이스를 발라 검은피부가 자랑할 수 있는 건강미를 부각시키는 것이 좋다.

노란 피부, 붉은 피부　　정말 심하게 누렇게 뜬 피부가 아니라면 노란피부는 파운데이션 컬러만 한톤 정도 밝게 해도 효과를 볼수 있다. 노란기가 심할 경우 바이올렛 컬러의 베이스를 발라 보정하도록 한다.

붉은피부는 그린컬러베이스라는 공식이 있다. 그것은 붉은톤을 차분하게 만들어주지만 전체적으로 다 펴바르는 것은 별로 추천하지 않는다. 바르더라도 아주 얇게 바르도록 하고, 파운데이션을 고를때 핑크빛이 돌지 않고 베이지톤이 많이 도는 제품을 구입하거나 그러한 컨실러와 섞어서 바르면, 메이크업베이스 없이도 톤보정 효과를 볼수 있다.

창백한 피부　　핑크베이스로 화사함을 살리면 좋은데 요즘은 간혹 가장 밝은색 파운데이션이 핑크빛이 돌게끔 나오는 것들이 있다. 새하얀 피부의 사람들이 바를 경우 따뜻한 기운을 불어넣기 때문에 창백함이 사라지는 효과가 있다. 역시 파운데이션 구입시 컬러를 잘 살펴보아야 하는 것이 숙제다.

트러블/문제성 피부　　보통 베이스 하나를 구입해 전체를 다 바르는데 금전적인 부담이 될지는 모르나 부위별로 따로 관리하는 것이 효과적이다.

트러블이 얼굴 전체를 다 덮지 않는 이상 분명 매끈한 부위가 있을것이다. 그 부분을 제외한 문제성 부위만 커버를 하거나 유분을 조절하는 제품을 바른다. 매끈한 부분에는 미세한 펄이 들어있는 베이스를 발라주는

데, 이렇게 하면 메이크업 후 그 부분의 윤기가 살아나서 문제부분이 오히려 축소되는 착시효과가 있다. 앞서 기초단계도 그랬지만 메이크업에서도 마찬가지로 문제가 있는 부분은 따로 관리를 하는 것이 장점을 극대화 시킬 수 있는 방법 중 하나다.

메이크업베이스가 피부를 보호해 줄 거라고 착각하는 사람들이 있는데 제발 그런 생각을 버리는 것이 좋다. 그냥 보정하는 것이 전부다. 그마저도 파운데이션이 이제는 아주 잘하고 있기 때문에 필요성을 상실한 것이고 그 대안으로 프라이머 등이 개발되었다. 그렇기 때문에 더더욱 프라이머와 베이스를 동시에 바를 필요는 없다. 자칫 어느 하나의 효과를 반감시키는 경우도 생기니 더욱 주의해야 한다.

파우더를 버린 여자

16

트러블 피부는 완치가 불가능하다는 의사들의 말이 요즘은 크게 와 닿는다. 본의 아니게 먹는 음식의 질이 현저히 떨어지거나 제품 테스트를 몰아서 하게 될 경우에 가끔씩 트러블로 고생한다. 여름이 되면 크림 하나 빼도 크게 지장 없는 중지성 피부로 바뀌지만 지금 내 피부는 중성에 가깝다. 관리 측면에서 보면 그리 까다로울 것이 없는 피부다. 그런데 처음부터 이랬던 것은 아니다. T존 부위를 중심으로 좁쌀 여드름과 오랜 기간 공생 관계를 유지해오던 트러블 피부였다. 어느 순간 서서히 유분이 줄기 시작하더니 현재는 유분으로 인한 불편함을 전혀 못 느끼는 상태에 이르렀다. 아침 일찍 화장하고 집을 나서도 밤까지 고스란히 남아 있는 지금과 불과 3년 전의 피부를 비교하면 완전히 다른 사람이다.

'수정'으로 기름기를 잡는다

유분 가득한 지성인이어서 더욱 슬펐던 그 시절, 갖은 다이어트와 체질 개선을 통해 마침내 트러블 없는 피부에 도달하게 되었다. 화장품이나 병원 진료로 고친 것이 아니기에 더욱 뜻깊은, 다이어트에 이은 내 인생 최고의 업적이다. 그리고 드디어 눈으로만 즐기던 메이크업의 세계에 발을 들였다.

일반적으로 트러블이 심한 사람들은 언제 어디서든 가리기에 급급하다. 그러나 나는 사랑해 마지않는 교회 오빠가 코앞에서 얼굴을 쳐다보며 이야기하건 말건 쌩얼로 돌아다녔다. 나름 최소한의 다짐이라면 허옇게 뜬 각질만은 보이지 말자 정도였다. 절대 무슨 일이 있어도 화장품으로 가리지 않았으며, 화장을 꼭 해야만 하는 모든 스케줄을 피해 도망 다녔다.

그런데 알고 보면 화장을 꼭 해야 하는 회사, 모임 등은 핑계에 불과했다. 나 스스로 보여주기 싫고 창피해서 그렇지 '예의 없는 쌩얼'이 아닌 트러블, 피부질환으로 인한 쌩얼이라면 어디를 가든 사람들은 이해해주었다. 트러블이 너무 심해져 메이크업을 못 했노라고 예의 바르고 자신 있게 말하면 다들 용기를 북돋워주었다. 오히려 억지스럽게 가리는 것이 더 지저분한 인상을 풍기기 쉽다는 사실을 그때 알았다.

트러블과 그 자국까지 다 사라진 뒤에 나는 서서히 맺혔던 한을 풀기 시작했다. 트러블 때문에 참았던 메이크업을 신나게 하는 정도를 넘어, 엄마 배 속부터 시작해 고등학교를 졸업할 때까지 하지 않았던 메이크업의 몫을 왕창 챙겼다. 그렇게 나한테 맞는 스타일을 찾아가던 중 내 피부에 심각한 오류가 있음을 알아차렸다. 트러블만큼 무시무시한, 쉴 새 없이 뿜어져 나오는 기름이었다.

분명히 아침에 화장을 했는데 12시쯤 되면 어김없이 사라졌다. 신데렐라냐고! 오후에는 흔적조차 찾아보기 힘들다. 심지어 나조차 아침에 화장을 안 한 줄 착각한 적도 있다. 정말로 심각했다. 그때부터 좋다는 메이크업베이스, 파운데이션, 파우더에 목숨을 걸었지만 번번이 실패했고, 해답은 '제품'에 있지 않음을 깨달았다.

그때부터 방향을 급전환해 '수정'에 열을 올렸다. 아침에 집을 나서면 집에 돌아올 때까지 거울을 안 보던 내가 수시로 얼굴을 확인하기 시작했고 화장품이 달아날라치면 붙잡아 내려앉혔다. 기름종이로 꾹꾹 눌러 기름을 제거하고 파우더를 톡톡 두드려 뽀송뽀송하게 마무리하기를 하루에도 수차례. 그리하여 무사히 화장품을 가둬두기는 했으나 시간이 갈수록 뭉치고 칙칙해져서 더 지저분해 보이는 얼굴은 어찌 감당해야 할지. 아직 덜 익은 20대 초반의 내가 감당하기에는 너무 어려운 숙제였다.

그러나 의외로 쉽게 풀렸다. 유분을 기름종이로 완전히 닦아내고 파우더를 바르면 너무 매트해지고, 믿고 발라두었던 파우더는 다시 생산된 유분에 결국 또 뭉친다. 유분이 문제지만 유분을 완벽히 잡을 수는 없으니 파우더를 버렸다! 당시는 물광 메이크업이 없던 시절이다. 나는 물광을 내기 위해 파우더를 생략한 것이 아니다. 보다 깨끗하면서도 아침에 한 듯한 메이크업을 하루 종일 유지하고 싶었을 뿐이다.

파우더를 생략하는 만큼 파운데이션은 지성 피부에 맞게 더욱 매트해져야 했다. 지성 피부인 연예인들이 주로 쓴다던 에스티로더의 더블웨어 파운데이션을 추천받아 사용했다. 평소와 똑같이 화장하고 파우더만 생략한 채 나다녔다.

메이크업을 수정할 때는 파우더가 아닌 파운데이션을 덧발라 새 얼굴로 세팅했다. 너무너무 간편해서 정말이지 놀랐다. 하루 한두 번만 수정하면 오후까지 걱정이 없었다. 귀찮아도 수정을 제대로 챙기니 유분으로 인해 지워질 걱정이 없었고, 파우더를 생략하니 뭉치고 지저분해지지 않았다. 더 깨끗하고 더 건강해 보이게 수정하는 스킬도 점차 늘어 결국 지성 피부의 고충을 완전히 털어버렸다!

지성 피부, 메이크업을 바꾸자

기초 단계에서 토너와 아이크림을 바른 후 모이스처라이저는 하나만 바른다. 로션이든 에센스나 크림이든 '보습'을 위해 한 제품만 바르는 것이다. 요즘은 피지 조절 에센스들이 많이 나와 있다. 유분이 전체적으로 심할 경우 아침 화장 전에 이러한 제품을 발라주면 좋다. 유독 T존 부위에 유분이 심하다면 T존에만 발라 T존은 유분 조절, U존은 보습, 이렇게 따로 관리하는 것이 도움이 된다.

지성 피부 역시 수많은 기능성 제품에 욕심이 나겠지만 그것들을 아침에 다 챙기려고 하면 유분으로부터 자유롭기 힘들다. 제아무리 오일 프리 제품이라도 오일이 전혀 안 들어간 것은 드물기 때문에 아침 화장 전에는 제품의 수를 줄이는 것이 관건이다. 집중 관리는 밤 시간을 이용하자.

자외선 차단제를 바른 후에 베이스 단계는 생략해도 무방하다. 꼭 발라야겠다면 메이크업베이스나 프라이머 중 피지 조절 기능이 있는 것으로 하나만 바르고 바로 파운데이션을 바른다. 파우더는 생략하고 색조로 마무리!

오전 11시. 이 얼굴로 남자 동료와 마주보며 식사할 수는 없다! 기름종이나 깨끗한 티슈를 이용해 얼굴을 가볍게 눌러준다. 너무 꾹꾹 눌러 기름을 다 흡착할 생각 하지 말고 과하게 겉도는 유분기만 제거한 뒤에 수분 미스트를 뿌려 깨끗한 손으로 톡톡 두드려 흡수시킨다. 아침 화장 때보다 조금 적은 양의 파운데이션을 손등에 덜어 얼굴 전체에 콕콕 찍어놓고 손으로 두드리듯 밀착시키며 펴주어도 되고 파운데이션 브러시를 이용해 얇게 펴 발라도 된다. 지워진 블러셔 등 색조 메이크업을 수정한다.

이제 지성 피부라는 이유로 심하게 매트해 보이기보다 윤기 있고 건강해 보이며 뭉침도 남지 않는다.

그래도 파우더가 필요하다면?

진정한 안타까움은 트러블성 지성 피부에 있다! 파운데이션만 바른다면야 크게 달라질 것이 없지만 컨실러를 이용해 트러블을 일일이 가리는 사람이라면 파우더를 팽개쳐둘 수 없다. 트러블 커버가 끝난 후 퍼프에 파우더를 묻혀 털어내고 아주 소량으로 톡톡 두드리듯 눌러주어 고정해야 한다. 헌데 이 사람이 오후가 되어 유분기가 돌고 수정해야 할 때는 또 난감해진다.

무작정 유분만 닦아내고 덧바르기보다는 맨 위의 얇은 층을 걷어내고 새로 바르는 것이 낫다. 유분을 적당히 잡은 뒤에 깨끗하고 넓적한 스펀지를 이용해 화장솜으로 닦아내듯 피부결을 따라 얇게 걷어낸다. 여기에 미스트를 뿌리고 두드려 흡수시킨 후 파운데이션과 컨실러를 이용해 다시 발라주고 커버를 마친다. 그리고 다시 극소량의 파우더로 커버 부위를 고정한다.

파우더를 꼭 써야만 화장한 것 같은 사람들도 이와 동일하게 수정하면 된다. 트러블이 없어 커버를 거의 하지 않는 피부라면 조금 더 쉽게 수정할 수 있다!

피지나 더러움을 티슈로 닦아내고 미스트를 이용해 수분을 공급한 다음에 파운데이션이 아닌 파우더로 바로 수정한다. 이때 팩트에 들어 있는 퍼프를 이용해 두드리지 말고 브러시를 쓴다. 하늘하늘 부드러운 천연모로 쓸어주듯 바르는 것이 아니라 크고 짧은 페이스 브러시를 얼굴 전체에 가볍게 굴려가며 파우더를 바른다. 이렇게 하면 브러시가 이동하면서 뭉침까지 정리해주고 고루 발리게 도와주어 깨끗하게 수정할 수 있다.

톤을 교정하기 위해 파우더를 사용해서는 안 된다. 톤을 교정하려고 들면 두껍고 어색해져서 실제 피부색을 살리지 못한다. 파우더리한 텍스처를 강조하거나 유분기를 정리하기 위해 쓰는 것이 현명하다. 피부톤에 맞는 색을 찾기보다 입자가 고운 투명 파우더를 선택하면 실수를 피할 수 있다. 파운데이션을 고정하기 위해 바르기도 하는데 요즘은 지속력이 좋은 파운데이션도 많다. 또 지속력 있게 바르는 것도 방법이다. 단지 그것을 이유로 덧바르기에는 피부를 위해 득보다 실이 많을 수도 있다. 트러블을 많이 커버한 부위에 살짝 눌러주는 정도는 좋다.

커버의 달인

17

몇 개 정도의 잡티는 컨실러로 콕콕 찍어 부분부분 가리면 된다. 손으로 톡톡 눌러 커버하거나 좀더 튼튼하고 확실하게 커버할 때는 브러시를 이용한다. 문제는 얼굴에 아주 넓게 혹은 양쪽 볼이나 턱, 이마에 집중적으로 분포된 여드름 피부다. 이러한 경우에는 트러블을 하나하나 커버하기가 너무 어렵다.

트러블을 확실하게 가려보자

이때는 커버력이 좋은 파운데이션은 물론 컨실러를 적절히 이용해야 한다. 어느 정도 커버력이 되고 색상이 꼭 맞으면 단독으로 써도 되고 다른 제품과 섞어 쓸 수도 있다. 단, 트러블 부위 이외에는 피부가 좋은데 전체적으로 두껍게 고루 펴 바르는 건 어리석은 짓이다. 좋은 피부는 충분히 살릴 필요가 있다.

중간 정도의 커버력을 지닌 제품을 얼굴 전체에 가볍게 발라주고 피부보다 한 톤 정도 밝은 컨실러를 이용한다. 스틱보다는 액체나 크림 타입의 컨실러가 좋다. 넓게 자리한 거뭇한 자국은 붉은색이나 핑크색이 약간 도는 컨실러가 도움이 된다. 한편 대부분의 트러블은 붉은색을 띠므로 옐로, 베이지 톤이 도는 컨실러를 선택한다.

꿀물의 추천 아이템

* 시세이도 스포츠커버 – 20g, 1만 8천 원대
* 에스테메드 스팟 B.B – 5g, 1만 7천 원대
* 오르비스 스포츠커버 – 4g, 1만 5천 원대

브러시를 주로 이용한다면 일단 브러시로 파운데이션을 고루 펴 바른다. 그다음에 컨실러 브러시를 이용하는 것이 아니라 파운데이션 브러시 끝에 오르비스 스포츠커버 같은 커버 제품을 묻힌다. 넓게 분포한 트러블이나 여드름 자국 부위에 꾹꾹 눌러주듯 제품을 바른다.

약간의 트러블은 브러시나 스펀지를 이용해도 된다. 그러나 부위가 넓거나 전체적으로 심하면 손이 낫다. 손의 미열을 이용해 흡수율을 더욱 높일 수 있다. 손은 얇게 바르기가 쉽지 않기 때문에 농도가 짙은 제품으로 커버할 때도 유용하다.

먼저 손등에 적당량을 덜어 엄지를 뺀 네 손가락 끝을 모아 골고루 묻도록 손등을 두드린다. 그대로 얼굴에 가져가 두드려준다. 이때 위치가 중요하다. 보통 트러블이 생기는 부위인 이마, 코, 턱은 하이라이터를 바르는 위치이기도 하다. 단순히 트러블을 커버하는 게 아니라 동시에 한 톤 밝은 컨실러로 하이라이터까지 준다고 생각해라. 펴 바르지 않고 톡톡 두드려야 손끝의 미열과 함께 제품이 덮이면서 고르게 발리고 잘 먹는다. 손끝에 묻은 양으로 충분히 커버하고 나서 얼룩이 지지 않도록 가장자리를 두드려가며 잘 펴준다. 볼도 커버한 뒤에 가볍게 블러셔를 발라 마무리히는 것이 좋다.

메이크업이 들뜨는 데는 이유가 있다

메이크업이 안 먹고 겉돈다거나 금방 지워진다는 고민 한 번쯤 안 해본 사람은 없을 것이다. 기초공사를 잘했는데도 그렇다면 바르는 데 문제가 있기 십상이다.

메이크업을 할 때는 피부결을 반드시 지켜주어야 한다. 다시 말해 손이든 스펀지든 혹은 브러시든 바른 뒤에는 눌러가며 안쪽에서 바깥쪽으로 두드려주어야 자국 없이 잘 먹는다. 손으로 바를 때는 뭉치지 않도록 힘을 빼되 한 번에 쓱 바르고 끝내서는 안 된다. 피부가 상대적으로 좋은 부위는 얇게 펴주고 커버할 부위는 네 손가락 끝마디의 통통한 부분을 이용해 소량씩 발라 두드린다. 여러 번에 걸쳐 커버되는 정도를 확인해가며 해야지 한 번에 해치우려고 들어서는 안 된다. 다른 부위를 바르고 손에 남은 것으로 눈두덩까지 발라 마무리.

또 트러블 피부인 경우에는 유분이 많으니까 유분도 잡으려고 파우더까지 덧발라 좀더 커버하려고 하는 게 보통이다. 나는 반대다. 차라리 컨실러나 파운데이션을 갖고 다니며 덧발라 수정하는 편이 낫다. 파우더를 덧바르면 더 빨리 칙칙해진다. 게다가 트러블 부위의 유분이 제품을 밀어내면서 들뜨는데 가루와 뭉쳐 더욱 심해진다. 스펀지나 시중에서 쉽게 구할 수 있는 퍼프 등을 잘 씻어서 갖고 다니자. 퍼프에 아무것도 묻히지 않은 채 마지막으로 톡톡 먹이듯이 눌러주면 좋다.

다크서클, 욕심을 버려라

다크서클은 별짓을 다 해도 소용이 없었다. 현재 의술을 고려하면 시술에서 큰 기대를 하기 힘들다. 화장품에 기대는 것은 그 때문이다.

제품이 계속 개발되고 수도 없이 쏟아진다. 하지만 100% 완벽하게 가려주는 컨실러는 없다! 국내 톱스타들이 드나드는 청담동 최고의 메이크업 숍에서도 나의 다크서클은 완전히 감춰지지 않았다. 좋다는 것 다 써보았지만 심한 다크서클에는 장사가 없다.

다크서클이 짙으면 보통 완벽하게 가리는 데 집중하게 마련이다. 그러면 시간이 얼마 지나지 않아 갈라지고 건조해지면서 들뜬다.

나는 어차피 가려도 가려도 한계가 있기 때문에 들뜨지 않고 갈라지지 않고 매끈해 보이는 데 집중했다. 그 대신에 자주 덧바른다. 어차피 시간이 지나면서 지워지니 덧바른다기보다 새로 바른다는 표현이 맞다.

커버력이 떨어지는, 보다 촉촉한 제품을 발랐으니 다크서클을 가리기 힘들 거라고 생각하겠지만 꼭 그렇지는 않다. 다크서클을 전혀, 하나도 안 보이게 가려야만 눈가의 칙칙함을 없앨 수 있는 게 아니다. 적. 당. 히. 가리는 것만으로도 눈가는 밝아진다.

내가 주로 쓰는 MAC의 프렙프라임 아이는 프라이머이다. 프라이머로는 효과가 거의 없다. 이 제품을 매우 아끼는 이유는 다크서클 컨실러로 사용하기 때문이다. 커버력은 떨어진다. 지속력도. 그러나 뻑뻑하지 않고 촉촉하게 발리면서 바짝 달라붙어 밀착된다. 브러시가 아닌 네 번째 손가락 끝으로 톡톡 두드리면서 아주 약간 두껍게 펴 바르면 만족할 만큼 커버력도 얻을 수 있다. 물론 완벽한 커버는 절대 불가능!

다크서클이 거의 없거나 전혀 심하지 않은 경우라면 오히려 이 제품에 크게 만족하게 될 것이다. 잘 들뜨지 않고 휴대하기 간편하다. 아침에 파운데이션을 바르고 나가면 오후에 수정하기 위해서라도 정품이나 혹은 덜어서 갖고 다니는데 간혹 파운데이션을 챙기지 못했을 때 이 제품을 이용해 베이스메이크업 전체를 교묘하게 수정한 적도 있다. 커버력이 있고 뻑뻑한 컨실러라면 상상하기 힘든 장점이다. 지워진 부분에만 살짝 덧발라 은근하고 자연스럽게 부분 커버할 수 있다.

내 입술은 반짝반짝,
네 입술은 바짝바짝

18

아무거나 먹고 항상 밖으로 내놓고 다닌다고 해서 입술을 우습게 보면 안된다. 지금 당장 거울을 보라. 입술은 불그스름한 점막으로 되어 있다. 거울을 보고 아랫입술을 삐죽 내밀어 보자. 분명 바깥으로 노출된 입술과 하나로 연결되었건만 입술 안쪽은 주름도 없이 촉촉하기 그지없다. 입술이 항상 이러면 얼마나 좋겠냐만 그럴 수 없는 환경에 노출되어 있으니 언제나 입술에 최적인 상태를 만들어주기 위해 노력해야 한다.

립밤 뭐 쓰세요?

립밤은 컬러도 뭐도 중요한 게 아니다. 다름 아닌 보습과 자외선 차단이 관건이다.

입술에는 멜라닌 색소가 없어서 검게 타지 않지만 계속 노출되면 탄력이 떨어지고 주름이 생긴다. 다시 말해 입술이 늙는다. 자외선에 노출되면 자외선 차단이 안 되는 립밤은 아무리 보습이 뛰어나도 아쉽다.

매트한 립스틱을 바르고 나갈 때는 립밤을 챙겨라. 각질이 도저히 해결 안 될 때 보통 립밤을 바르고 립스틱을 바르는데 그러면 간혹 뭉치고 밀려서 립스틱의 발색이 예쁘지 않다. 각질이 좀 있더라도 립스틱 먼저 바른 후에 립밤은 입술 가운데 각질 심한 곳에만 조금 덧발라준다. 스틱이나 손가락으로 마구 문지를 바에는 팁을 이용해 살짝 톡톡 두드리듯 바르는 것이 좋지만 잘만 쓴다면 손가락만한 도구가 없다. 각질이 심하게 올라온 부분에 손가락을 이용해 지그시 발라주면 보습 효과가 더 좋아진다.

매트한 립스틱은 평소 짜서 쓰는 튜브형태의 립밤을 많이 써왔다. 그러나 립케어에 곤란함을 느끼면서 이런저런 방법을 시도하다가 어느 순간부터는 스틱타입을 주로 사용하게 되었다.

깨끗하게 씻은 손끝의 손톱을 이용해 스틱타입의 립밤을 긁어낸다. 손톱사이에 끼지 않도록 손톱을 뒤집어 긁어낸 다음 입술로 가져가 얹는다. 그다음 손가락 끝을 이용해 지긋이 눌러가며 펴바른다. 손끝의 미열때문인지 확실히 더 꼼꼼히 발라지는 것을 느낄 수 있다. 튜브형태의 제품도 반드시 손끝을 이용해 지긋이 눌러가며 흡수시키듯 바른다.

여기까지는 누구나 생각하는 기본 관리다. 메이크업을 하던지 하지 않던지 늘 이렇게 입술의 보습을 유지시켜야 한다. 메이크업 전에만 서둘러 입술을 케어하는 것으로는 부족하다. 평소에 잘 챙겨 바르지 않다가 립스틱 바를 때 입술 각질로 고생하는 것은 정말 어리석은 일이다. 정말 수시로 챙겨 바르면서, 각질을 뜯어내는 것이 아니라 자연스럽게 탈락되도록 해야 한다. 그만큼 평소 충분한 보습이 중요한데, 비싼 립밤이 무조건 좋은 것은 아니다. 나는 1만원 넘는 립밤에는 더 이상 손이 가지 않는다. 절대로 촉촉하지도, 자외선을 더 잘 차단하지도 않는다. 1만원 이하의 립밤을 여러개 구입해서 집안 곳곳 여기저기 두고 쓰는 것이 입술을 지키는 진짜 비결이다. 사무실, 방안, 차안, 가방 곳곳마다 챙겨 두어야 할 것이 있다면 그것이야 말로 립밤이다.

촉촉한 입술을 만드는 비법

평소에 위와 같이 매우 잘 관리하면 별 문제가 없겠지만, 그러지 못해 립스틱을 바를 때마다 고통에 신음하는 사람들이 있다. 게다가 매트한 립스틱까지 유행해 버리는 날에는 남들 바르고 다니는 것을 구경만 하게 된다. 어떻게 하는 것이 좋을까?

기초케어를 마친 후 메이크업 단계에 들어가면 가장먼저 입술에 립밤을 듬뿍 발라둔다. 립 메이크업을 할때까지 계속 얹어 두는 것인데 이때 중요한 것은 사용하는 립밤의 형태다. 평소 늘 쓰던 립밤을 써도 되지만 메이크업 전 갑자기 심하게 각질이 올라오고 벗겨져 달랑거리는 상황에서는 일반적인 립밤이 통하지 않는다. 물론 절대로 그 각질을 뜯어내서도 안 된다. 그 어떤 스크럽을 이용해 문질러서도 안된다. 메이크업 전에는 상태만 더 심각해질 뿐이다. 이때, 보다 끈적한 립밤을 발라주는 것인데 저가 브랜드에서 주로 볼수 있는 제품들이다. 나는 에뛰드 하우스 제품을 즐겨 쓰고 있다. 55 베이비 립 프로젝트라고 해서 '립스크럽' 제품이랑 '립젤리밤'이 세트로 들어있는걸 구매했었는데, 스크럽이 워낙 형편없어 냅다 던져 버리고는 같이 들어있는 립 젤리밤 이것만 애용하고 있다. 엄청 끈적이는 제품이라 메이크업을 하지 않을 때 립밤으로 쓰기에는 문제가 있지만, 메이크업을 할때는 정말 최고다.

끈적임이 심하다보니 하얗게 일어나고 덜렁거리기 까지 하던 각질이 다시 들러붙는다. 마치 잠시만 본드로 고정하듯. 그래서 메이크업 시작 단계에서 면봉을 이용해 이 제품을 듬뿍 발라놓아 결대로 잘 만져준 다음 메이크업을 한다. 그다음 중요한 것이 립밤의 제거인데, 발라두었던 립밤을 대충 닦아내버리면 위에 덧바를 립스틱과 뭉치거나 발색을 방해하게 된다.

아무리 고가의 립스틱을 쓴다 한들 제품 본연의 컬러를 표현하기 힘들어 진다. 이때 티슈를 입술로 여러번 물어 여분의 립밤은 닦아내고 윤기만 남긴다. 잠잠했던 각질이 다시 일어나기 때문에 절대 문질러서는 안된다. 그다음 립스틱을 바르는데, 브러쉬를 이용하든 손끝을 이용하든 각질의 방향을 살펴서 결대로 발라주어야 감쪽같이 바를수 있다. 마구 문지르면 모든 것이 원점으로 돌아간다는것만 기억하면 된다. 여기까지만 확실히 이해하고 익숙해져도 더 이상 입술 각질은 문제가 되지 않는다. 약간의 팁을 더 이야기하자면, 덜렁거리는 각질 말고 거칠고 하얗게 일어난 각질로 인해 정말 급할때는 각질제거 효과가 있는 크리니크 클래리파잉 토너를 사용하면 좋다. 나는 현재 이 제품을 토너로 사용하지는 않지만 얼마전에도 한통을 구입해 친구 5명과 나눠가졌다. 단지 입술을 위해 혹은 얼굴 각질의 응급처치를 위해. 이걸 바른다고 해서 크게 너덜너덜한 각질을 떨궈낼 수는 없지만 면봉이나 화장솜에 묻혀 하얗게 일어난 각질을 싸악 닦아내듯 바르면 각질이 다 없어진다. 매일 사용하기에는 자극이 될수 있고 급할 때 딱이다. 입술전용 스크럽보다 훨씬낫다.

유행할 때 샀다가 재미없어서 안 쓰는 틴트가 있다면 립스틱을 바를 때 활용해보자. 짙은 컬러의 립스틱이야 그것만으로도 입술에 가득 색을 채워 입힐 수 있지만, 누드 컬러를 바른다거나 선을 살리지 않은 핑크톤의 립글로스를 바를 때는 입술선이 걱정이다. 선은 잡혀 있지만 색이 없어 입술이 전체적으로 빈약해 보이는 경우에는 입술색 반영구를 하듯 틴트를 먼저 깔아 맨입술처럼 만들어놓는다. 그리고 그 위에 바른다.

센스 있는 입술 메이크업

핑크든 레드든 립스틱으로 입술 전체를 빼곡히 채울 때는 립스틱을 대고 바르지 말고 손이나 브러시를 이용해보자. 청결은 나중 문제이고 번짐 없이 지속력까지 좋게 하기 위해서는 입술 주름을 채워간다는 느낌으로 소량씩 조심스럽게 덧바르는 것이 좋다.

핑크나 레드같이 색감이 확실한 립스틱을 바를 때는 색이 잘 스며들어 입술에 밀착된 것처럼 보이게 발라야 한다. 입술 위에 겉돌고 뭉친 듯 동동 뜨면 마주 보고 이야기할 때 굉장히 부담스럽고 비호감이다. 틴트로 먼저 색을 입히자.

립왁스　컬러감이 있는 립스틱을 즐기지만 지속력이나 번짐 때문에 불만이라면 립왁스를 사용 하는 것도 도움이 된다. 립스틱을 바르기 전, 베이스를 바르듯 립 왁스를 얇게 깔아준 다음 컬러를 바르면 지속력은 물론, 컬러를 왁스 경계까지 잡아주어 번짐이 훨씬 덜하도록 돕는다. 나는 레드나 핫핑크 컬러를 바를 때 즐겨 사용한다.

립스테인　덧바르는 것이 귀찮거나 힘들면 립스테인이 답이다. 립스테인은 착색 효과가 뛰어나 색감과 지속력에 도움이 된다. 단독으로 발라도 좋고, 립스틱이나 립글로스를 바를 때 베이스로 깔아주어도 좋다.

'틴트' 하면 흔히 베네틴트 제품을 많이 쓰지만 컬러가 레드와 핑크로 한정되었다는 아쉬움이 있다. 로라메르시에 립스테인의 경우 컬러도 다양하고 효과가 뛰어나 어울리는 립스틱 컬러의 베이스로 깔아주면 지속력이 훨씬 좋아진다. 중요한 자리에 립 제품을 예쁘게 바르고 나갔다가 식사 중에 완전히 지워지는 것이 다소 민망하다면 도움이 될 것이다.

립컨실러　　핑크나 레드 톤의 립 라인은 동안이 대세인 요즘 세상에서 늘어 보이기 위한 몸부림이다. 피부색에 자연스럽게 맞춘 립 라인은 입술 모양을 확실하게 표현하는 것은 물론 컬러까지 돋보이게 만든다. 보이지 않는 경계선까지 만들어 주는 효과가 있어서 어느 정도의 번짐도 막을 수 있으니 일석삼조다.

　　립컨실러 펜슬을 이용하면 되는데, 입술 화장 전에 라인을 따라 바깥쪽으로 컨실러를 바르면 립라인 따위는 필요없다. 입술이 예쁘게 강조

되는건 물론이고 입술 주변의 피부톤을 깨끗이 정리해주기 때문에 발색도 좋아 보이고 전체적으로 매우 깔끔한 인상을 줄 수 있다. 그 다음에 파운데이션을 바르고 입술라인 바깥쪽을 따라 그린다음에 컨실러 브러쉬나 손가락 끝을 이용해 바깥으로 그라데이션을 준다.

빠리베를린 립컨실러제품은 메이크업 아티스트들이 많이 쓰는 제품인데, 과거에는 해외에서 구입해서 들고 들어왔지만 요즘은 인터넷에서 쉽게 구할 수 있다. 백화점에 입점된 색조브랜드에서 나오는 립전용 컨실러들을 여러개 써봤지만 이만한 것이 없었다.

보디로션도 포기한 이 몸

19

매일 쓰게 되는 보디워시도 자극적이지 않고 최소한의 더러움만 제거하는 제품이 좋다. 더욱이 몸은 얼굴처럼 메이크업을 하는 것도 아니니 대단한 세정력은 필요 없다. 과다하게 분비된 피지와 노폐물을 제거하는 제품들로 쓰고 자극이 적은 천연 제품이나 약산성 제품들로 천연 피지막이 깨지지 않도록 한다. 일주일에 한 번 정도 사용하는 스크럽 이외에 보디워시나 로션은 아기들의 제품을 함께 쓰는 것도 좋은 방법이다.

보디클렌저로 세수를?

세안용 클렌징폼을 집에 두고 와 보디클렌저로 세수한 적이 있다. 보디클렌저와 클렌징폼은 크게 세정제, 보습제, 향료, 기타 첨가제 등으로 만드는데 성분은 비슷하지만 세정제 성분에서 차이가 난다. 보디클렌저는 합성계면활성제를, 클렌징폼은 비누 성분을 각각 함유한다. 얼굴, 몸 등 피부 특징에 따라 세정 성분이 다르지만 기능은 비슷하다.

따라서 효과적으로 세안하려면 두제품을 구분해서 사용하는 것이 현명하지만, 화장을 전혀 하지 않고 기초만 바르는 사람이 있다면 샤워하면서 얼굴까지 씻어도 무방하다. 특히 남자들이나 매우 건조한 사람들의 경우 약산성 클렌저를 사용하는 것과 같은 효과를 볼수 있다. 뷰티풀솝 비누나 닥터브로너스 리퀴드솝의 경우 헤어, 바디, 세안 모두 가능하기 때문에 선물용으로 좋다. 특히 남자들에게 선물하면 굉장히 좋아한다.

보디클렌저와 클렌징폼 모두 피부의 더러움을 제거하는 세정 기능과 풍성한 거품을 내는 역할을 하므로 보디클렌저로 세수해도 상관은 없다. 다만 세정 성분이 다르기 때문에 사용감이 현저히 다를 뿐. 합성계면활성제를 사용하는 보디클렌저는 물로 씻어냈을 때 미끌거리고 부드러운 느낌이 남는다. 반면에 클렌징폼이나 비누는 뽀드득거리는 산뜻한 느낌이다. 두 제품의 산도가 다르기 때문이다.

몸에는 피지선이 얼굴보다 적게 분포해 피지 분비가 적고 건조하며 피부가 두껍다. 얼굴 피부의 산도는 pH 5.7~6.1이지만 몸은 pH 4.5~5.6으로 산도가 높다. 피부 상태에 맞추어 보디클렌저는 pH 5~6(약산성), 클렌징폼은 pH 9 이상(알칼리성)으로 만들어진다. 따라서 효과적으로 세안하려면 두 제품을 구분해 사용하는 게 현명하다. 또 몸은 장시간 물에 노출되면 수분이 쉽게 빠져나가 건조해지기 때문에 보디클렌저에는 미끄럽고 부드러운 느낌을 주는 폴리머 성분이 함유되어 있다.

머리 먼저 감을까, 세수 먼저 할까?

조금이라도 더 수월한 아주 미세하게 이로운 방법은 있을지 몰라도 정해진 규칙 따위는 없다. 샤워하러 욕실에 들어가면 저마다 순서가 있다.

어릴 때는 세수하고 몸을 씻고 마지막으로 개운하게 머리를 감고 나왔던 것 같은데 두피나 모발 관리, 세안에서 여러 가지 시행착오를 겪는 사이에 순서가 완전히 뒤바뀌었다. 들어가자마자 머리부터 감는다. 이유는 단순하다. 두피와 모발을 위한 홈케어 제품들은 꾸준히 구입해왔는데 정작 샴푸와 린스 외에는 잘 사용하지 않더라는 것이다.

헤어팩은 모발에 도포한 뒤 10분 이상 방치하라고 한다. 머리 감다말고 10분을 가만히 서 있는 것이 굉장히 지루하다. 10분이 엄청나게 길게 느껴진다. 그러다 보니 "내일 하자" 하면서 자꾸 미루게 되더라는. 돈은 돈대로 들이고 모발 관리는 하지도 못한다. 그래서 바로 머리부터 감고 헤어팩을 도포한 뒤 따뜻한 수건을 머리에 감아둔 채 몸을 씻는다. 시간을 버는 것이다. 보디클렌저로 샤워만 해도 시간을 벌고, 마사지도 하고, 스크럽을 이용해 각질 관리도 하고. 그다음에 세안을 한다.

이 때 세안하고 나서 머리를 깨끗이 헹궈내되 물로 얼굴을 몇 번 더 헹구고 욕실을 나오는 것이 중요하다. 머리를 헹구다 보면 샴푸나 린스의 잔여물이 얼굴에 남을 수 있다. 귀 뒤쪽까지 골고루 다시 한 번 얼굴을 헹 군 뒤에 마무리한다.

나는 보습 제품으로는 보디로션보다 보디오일을 훨씬 더 좋아한다. 이런저런 좋다는 로션을 다 써봐도 내몸은 로션으로는 택도 없는 건조한 몸인가 보다. 오직 오일만이 건조로 인한 가려움으로부터 나를 해방시켜 주었다. 오일을 기웃거리다가 제작년부터 사용하게 된 뷰티풀숍 보디 오일, 그중에서도 알로에 베라! 최고로 좋아하는 제품이다. 아빠는 고츠밀크 로즈를 좋아하는것을 보니 향은 개인차가 있는듯하지만 역시 그 효과 면 에서는 가족 모두가 극찬했다. 오일이 매트하다고 하면 말도 안된다 하겠 지만 줄줄 흘러내리거나 피부 표면에 둥둥 떠서 옷에 묻거나 그러지 않는 다. 묽은 타입이 아니라 좀 많이 쓰게 된다는 단점, 펌핑용기가 좀 불편하 다는 단점은 있지만 용기가 개선되길 진심으로 간구하며 매일 쓰게끔 만 드는 매력적인 제품이다. 일반오일만큼 묽지는 않아서 그냥 바르면 많은 양을 쓰게 된다. 나는 샤워 후 타월을 사용하지 않고 손을 이용해 온몸의 물을 털어낸다. 큰 물방울은 사라지고 말그대로 물기만 남는데 이때 오일 을 덜어 바르면 부드럽게 펴발라진다. 골고루 문지르는 사이 수분을 꽉 잡 아 촉촉함만 남긴다.

보디오일은 몸에만 바르지 말고 목까지 끌어올려 보습을 한다. 고가 의 넥크림이 우스울 정도로 좋다. 오일을 구입할 때는 스킨 정도로 묽은 것보다 약간 걸쭉한 것이 좋다. 또한 발랐을 때 끈적임 없이 가벼운 것으로 고른다. 젖은 몸을 손으로 대충 문질러 굵은 물방울만 걷어낸 상태에서 골고루 펴 바른다. 그다음에 수건으로 가볍게 대충 쓸어내면 보습막을 형성해 수분을 잡아주어 촉촉한 피부가 된다. 반드시 수분이 남아 있는 상태에서 발라야 효과적이다.

친구들 집에 가보면 보디로션이 욕실이나 욕실 가까이가 아닌 화장대에 있는 경우가 의외로 많다. 씻고 나와 벗은 몸으로 화장대에 바로 앉는 경우는 많지 않다. 이미 옷을 입은 상태라면 보디로션을 건너뛰기 십상이다. 보디로션은 어디에 두느냐가 굉장히 중요하다

운동 후에는 반신욕이 당긴다. 나는 꽤 오랫동안 버블배스 같은 입욕제를 써왔는데 몇 년 전부터 끊었다. 로맨틱한 목욕이 될지는 몰라도 피부를 꽤 건조하게 만들기 때문이다. 그 대신에 와인을 오래 썼다. 마트에서 파는 레드와인 중 최고 싼 것으로 사다놓는다. 욕조에 물을 채우고 와인을 5컵 정도 부어 반신욕을 한다. 와인 목욕이 좋다는 건 오래전부터 알려진 사실이다. 혈액순환, 항산화 효과, 각질 제거 효과로 매끈한 피부를 만들어준다.

닭살을 잡아라

닭살 피부는 허벅지나 팔 부위의 모공에 각질이 쌓여 오돌토돌해진 것이라고, 건조하면 더 심해진다고 화장품도 굉장히 많이 나왔다. 하지만 건조를 막는 보습 외에는 별다른 효과를 보여주지 못한다. 더 심해지지 않게

할 뿐이다. 닭살 전용 홈필링을 한다고 닭살이 깎여 나가는 것도 아니다. 갑자기 추워지는 등의 이유 때문에 일시적으로 생겨난 오돌토돌한 돌기는 닭살 관리 제품이 아닌 제대로 된 스크럽 한 방으로도 해결이 가능하다.

대부분이 고민하는 닭살 피부는 유전 질환이라 제품에 기대지 않는 편이 좋다. 피부과에서 필링이나 레이저 치료를 받고 의약품용 각질제거제를 처방 받아 효과를 볼 수도 있다. 그러나 유전인 경우에는 반복적으로 재발해 평생을 간다. 아직까지는 완치가 어렵단다. 그럼에도 내 친구는 평생 간직해온 닭살도 해결 가능하다는 이야기에 넘어가 여러 병원에서 돈깨나 부수었다. 이제는 요가가 닭살에 효과적이라며 어이없는 광고를 한다. 굳이 요가까지는 안 하더라도 일시적인 닭살은 없앨 수 있다.

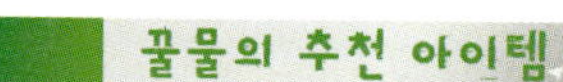

❀ 뷰티풀솝 보디오일 알로에 베라
- 125ml, 4만 3천 원대

❀ 베네피트 보디 소 파인
- 110g, 4만 5천 원대

❀ 록시땅 크러시트 그레이프 폴리시
- 200ml, 2만 5천 원대

샤워를 자주 하거나 때를 지나치게 밀어 각질을 제거하면 건조로 인해 가렵고 모공이 도드라지게 되는데 바로 후천적인 닭살이다. 이런 상황이 시작되면 실내 온도를 낮추고 적정한 습도를 유지해 건조를 막고 피부 보습을 철저히 해야 한다. 부드럽게 각질을 제거하고 충분한 보습을 해주면 바로 사라지는 경우도 있다. 상태가 나아지지 않으면 피부과를 찾는다. 쉽게 치료가 가능하다. 물론 그러기 전에 미리미리 피부 보습에 신경을 쓰고 적당한 각질 관리 습관을 기르는 편이 좋겠다.

손쉬운 손톱 관리, 발 관리

20

제품을 덧발라서 손톱을 튼튼하게 만들어주는 강화제를 원하는 사람은 그냥 그런 제품을 쓰면 되겠다. 그러나 유전적으로 얇게 생겨먹은 손톱이 근본적으로 두꺼워지거나 강해질 거라는 기대는 하지 마라. 강화제를 바르더라도 혹은 네일숍에서 완벽하게 관리를 끝낸 이후라도 숨어 있는 손톱은 여전히 많고 그래서 건조할 수 있다. 하루하루 확실히 건조해진다. 핸드크림조차 챙기지 않는다면 할 말 없지만. 핸드크림은 손에만 대충 바르고 말 게 아니라 손톱과 그 주변을 신경 써서 꼼꼼히 발라야 한다. '퀵드라이'라고 표시된 네일 제품은 절대 바르지 않는것이 좋다. 왜냐하면 아세톤의 함유량이 높아 손톱을 더 건조하게 만든다. 오히려 바람에 말리거나 무작정 기다리는 게 좋다.

뒹구는 립밤으로 내 손을 지켜라

사람은 살면서, 특히 여자는 챙길 일이 정말 많다. 얼굴로 먹고살 인물은 못 되고 하루하루 미모만 가꾸면서 살 팔자도 아닌데 생업을 위해 할 일은 많고 생각하고 고민할 것도 많은 나이에 이거 바르고 저거 바르고 뭐 챙겨 먹고 보통 일이 아니다.

이쯤 되면 단순한 습관으로는 안 되고 좀더 뛰어난 두뇌 능력이 필요하다. 하나하나 생각해서 제품을 챙겨 바르려면 번거롭고 지친다. 그냥 눈에 띄는 곳에, 손끝 닿는 곳에 제품을 두는 방법이 제일이다. 그리고 잊으면 된다. 나는 세면대, 싱크대, 책상, 파우치 등 곳곳에 립밤이 나뒹군다. 눈에 띄는 대로 입술은 물론 손톱에도 챙겨 바른다.

립밤과 핸드크림은 정말 여기저기 곳곳에 넣어둔다. 꼭 고가의 제품일 필요 없다. 1만 원대 이하의 핸드크림이라도 손 닿는 곳, 눈길 닿는 곳 여기저기에 둔다. 보디로션도 욕실은 물론 방에도 별도로 비치해 생각날 때, 필요할 때 꼭 바른다.

몇천 원대 립케어 제품을 이용하면 몇만 원짜리 전용 제품 못지않은 효과를 볼 수 있다. 손을 이용해 바르면 손끝 체온으로 인해 립밤이 쉽게 녹는데 이때 큐티클에까지 골고루 바르면 큐티클과 손톱 주변 사이사이로 스며드는 것이 눈으로 확인된다. 시간이 지나면 손톱 위에 있던 윤기는 쫘악! 흡수되고 본래의 손톱으로 돌아온다. 그러나 한 손에만 바르고 바르지 않은 손의 손톱과 비교해보면 좀더 윤기가 날 뿐만 아니라 건조한 큐티클

건강한 손톱을 만들어주겠다며 시중에 나와 있는 제품을 써본 결과
(뭐, 거의 다 써본 것 같다)
– 전혀 효과저이지 않거나
– 오히려 사용 전보다 못하거나
– 효과는 있는데 불편하거나
대충 이런 식이었다.

그러다 어느 순간 입술에 바르던 립밤을 손톱에 바르고 있는 나를 발견했다. 손톱 전용 제품이 따로 필요 없다. 대단한 성분이라도 들어갔을 듯싶겠지만 사실 그렇지도 않고 손톱에서 특별한 작용을 하지도 않는다. 단, 립밤을 손톱에 바를 때 몇 가지 중요한 사항이 있다.

– 투명 무색의 립케어 제품을 바르되 윤기 있고 끈적이지 않는 스틱 타입! 그러니까 약국에서 파는 니베아 립케어 같은 것. 물론 니베아일 필요는 없고 집에 굴러다니는 무색의 스틱은 다 된다. 없다고 무조건 구매하지 말고 서랍이나 연필꽂이를 뒤져보자. 하나 정도 나올지도 모르니까.

– 꼭 스틱이 아니어도 되지만 끈적임 없는 밤 타입이어야 한다. 발랐을 때 크림처럼 발리는 제품이라야 한다는 말이다. 여러 말 필요 없다. 갖고 있는 제품들을 이것저것 발라보면 괜찮다 싶은 게 있다.

– 스틱을 손톱에 바로 비비는 것이 아니라 손을 깨끗이 씻은 상태에서 손톱 위쪽을 이용해 내용물을 긁어낸다. (일부러 손을 씻으려면 번거로우니까 손을 씻은 직후에 항상 바르는 습관을 들이자!) 손톱으로 그냥 긁으면 립밤이 손톱 속에 끼겠지만 그 반대로 긁으면 립밤이 손톱 위에 묻어 나온다. 나는 주로 양쪽 엄지손톱을 이용한다.

– 립밤을 바르고자 하는 손톱 위에 얹은 다음 손끝을 이용해 손톱과 큐티클에 골고루 문지른다.

– 끝!

이 하얗게 변하는 현상이 사라진 걸 확인할 수 있다.

립밤은 전용 오일이나 밤, 세럼과 비교해 효과 면에서 전혀 뒤지지 않으면서 끈적임 같은 불편함이 전혀 없는 게 가장 큰 장점! 손끝에서 흐르지 않고 빨리 흡수가 되니까 바르고 난 후에 곧바로 다른 업무를 볼 수 있는 점도 매력이다.

내 발, 흐리고 구름 많음

집에서 발을 지압해도 상당한 효과가 있고 지압을 위한 다양한 제품들이 출시되어 있지만 전혀 이야기하고 싶지 않다. 지압봉, 스톤, 오일까지 구매해놓고는 쓰지 않고 쌓아두는 친구들을 수도 없이 보았다. 나 역시 그렇다. 홈케어에서 가장 오래 지속적으로 할 수 있으려면 무엇보다도 쉽고 간단해야 한다.

나는 양말을 잘 안 신는다. 한겨울에 발등이 훤히 드러나는 구두를 신고 쏘다녀도 양말은 잘 안 신는데 집에 돌아오면 반드시 발을 깨끗이 씻고 양말을 신는다. 발목이 답답한 게 싫어서 복사뼈까지만 오는 수면 양말을 애용한다.

고가의 고농축 풋크림 따위는 필요 없다. 그냥 집안에 굴러다니는 크림 샘플은 뭐든 가능하다. 손에 닿는 대로 핸드크림을 비롯해 모든 크림이 해당된다. 구입했다가 안 쓰는 아이크림, 영양크림, 핸드크림 등이 모두 우리 식구의 풋크림으로 돌변한다. 그래서 아무 생각 없이 풋크림을 사들고 왔다가는 나한테 혼난다. 듬뿍 바른 후에 양말을 신고 있다. 발이 조금 찬 편이라서 더 좋아하지만 이 오랜 습관 덕분인지 내 발뒤꿈치는 항상 안녕하다. 각질 구경을 해본 적이 없다. 단, 자기 전에는 벗는다. 아무리 애써도 잘 때는 도저히 양말을 못 신겠더라고. 여름에도 집에서 이 정도만 관리하고 각질 제거하고 나갈 때 선크림을 발라주면 걱정 없다.

❀ 아비노 인텐스 릴리프 풋크림
− 100g, 1만 원대

❀ 프리메라 프레시 풋 스프레이
− 100ml, 1만 원대
저가의 풋 스프레이 제품이다. 비싼 제품을 쓴다고 발 냄새를 확 뽑아 가는 것도 아니고 사무실 서랍에 하나 정도 비치해두었다가 옆 사람 신경 쓰이니까 점심식사 후에 자리로 돌아와 한 번 정도 뿌려주는 것도 좋다.

모발들의 최후통첩

21

샴푸를 그동안 엄마가 사오는 대로 아무거나 썼다면 어차피 돈 주고 구입해 쓰는 것 조금 더 꼼꼼히 따질 필요가 있다. 샴푸 사용은 두피와 모발을 위한 기본이다. 문제성 두피나 모발의 경우에 적절한 샴푸 사용만으로도 어느 정도 효과를 거둘 수 있다.

두피 관리의 시작은 샴푸!

나는 모발이 가늘고 볼륨이 없다. 반드시 볼륨 샴푸를 사용하는데 볼륨이 없고 두피까지 지성이라면 딥클렌징 샴푸를 사용하는 것이 좋다. 피지와 노폐물만 깨끗이 제거해도 볼륨을 좀더 살리는 효과가 있다.

샴푸는 화장품처럼 지성용, 건성용이라고 해서 딱딱 맞아떨어지지

"

는 않는다. 전혀 터무니없는 경우가 있기 때문에 세안제만큼 꼼꼼하게 살펴야 한다. 지성 두피가 아니라면, 또는 스타일링 제품을 잘 사용하지 않는 편이라면 너무 세정력이 강한 샴푸는 피하자.

스타일링 제품을 즐겨 쓰거나 꼭 써야 하는 경우에는 세정력이 강력한 제품이 필요하다. 그렇지 않다면 천연 샴푸, 베이비 샴푸를 권한다. 처음에는 뻑뻑한 듯 견디기 힘들겠지만 자꾸 쓰다 보면 윤이 나고 두피가 살아남을 느낄 수 있다. 컨디셔너도 모발에 맞는 제품을 잘 선택하면 홈케어만으로 스타일링 고민이 어느 정도 줄어든다. 볼륨 없는 모발, 부스스하고 숱이 많은 모발 등도 특성에 맞는 제품을 골라야 한다.

모발 관리는 집에서 못 한다고?

두피 클리닉에서 한 번쯤 두피와 모발 상태를 점검해보면 정말 좋다. 당장 치료할 부분이나 여타 문제가 없다면 검사만 하고 돌아와서 홈케어를 시도해본다. 홈케어만 잘해도 두피 클리닉을 영원히 멀리하게 될 가능성이 크다. 단, 약간의 문제에 혹해 바로 두피 클리닉에 거금을 투자하지는 말도록. 심각하지 않은 문제는 제품으로 어느 정도 관리가 가능하며 탈모를 유발하는 지경까지 가지 않아도 된다.

미용실에서 하는 값비싼 트리트먼트는 고가의 질 좋은 제품에 그들만의 테크닉이 결합한 것이다. 집에서는 그 테크닉을 그대로 따라 하기 힘들지만 제품은 시대가 좋아져 인터넷이나 숍에서 구할 수 있다. 집에서 헤어팩도 하고 헤어 에센스를 바르면 좋다.

모발이라고 해서 에센스가 꼭 답은 아니다. 윤기 있는 머리카락을 위해 무조건 에센스를 찾는 사람들이 있는데 옛날이야기다. 제품도 다양해서 머리카락에 세 가지 이상을 마구 바를 수는 없는 노릇이다. 자신에게 효과적인 제품 하나를 선택하자. 볼륨을 살리는 무스 타입이면서 윤기와 영양까지 받쳐주는 제품을 추천한다.

헤어 에센스는 특별한 권고 사항이 없는 한 수건으로 말리고 물기가 있는 상태에서 바로 바르고 드라이기를 이용해 말린다. 이렇게 하면 드라이기의 열로부터 모발을 보호할 수 있다.

사계절 내내 정전기가 심한 머리카락은 모발의 수분을 최대한 유지하면 큰 효과가 있다. 머리를 감은 후에 가급적 여유를 두고 수건으로 물기를 닦고 자연 건조시키는 것이 좋다. 자연 건조 시간이 꽤 걸리는 길고 풍성한 모발인 경우에는 젖은 상태가 오래 지속되면 오히려 꼭 필요한 최소 수분이 더 많이 증발해버릴 수 있다. 그리고 이온 드라이기를 이용해 건조시키면 정전기가 줄어든다.

컬이 있는 모발은 역방향으로 컬을 살려가며 말리기도 하지만 생머리는 열과 바람을 밑에서부터 쏘이면 모발이 더 부스스해진다. 볼륨을 살려야 할 윗부분을 제외하고 층이 많이 진 중간부터 끝부분은 모발이 아래로 떨어지는 방향으로 드라이해야 차분하게 정돈된다.

스타일링 제품을 적극적으로 사용하는 것도 모발의 건조를 막는 방

법 중 하나다. 모발을 더 건조하게 만드는 스프레이는 피하고 에센스나 무스 타입의 스타일링 제품을 선택한다. 특히 머리카락이 어깨에 닿는 부분에 꼼꼼히 발라 정전기 발생을 막는다. 헤어 미스트를 사용하는 것도 좋고 실내가 너무 건조하지 않도록 주의한다.

머리는 언제 감을까?

자고 일어나 부스스한 머리는 아침 스타일링에 큰 방해가 된다. 잦은 샴푸는 오히려 독이라는 이야기도 있다 보니 아침에 머리를 감는 사람들이 많다. 그러나 꼭 아침에 감지 않아도 되는 파마 스타일을 고수하고 있다면 가급적 밤에 감도록 한다.

두피에는 몸의 어느 부분보다 많은 피지선이 있고, 평소 스타일링 제품을 전혀 사용하지 않는다 하더라도 하루 사이에 오염되어 집으로 돌아오게 된다. 머리를 안 감는 것은 세수를 안 하고 자는 것이나 마찬가지다. 당연히 건강한 머릿결을 기대하기 힘들다. 문제성 두피와 모발인 경우에는 더더욱 그렇다. 민감한 두피는 자극적인 샴푸만으로 건조해지거나 가려움을 느낀다. 그럴 때에는 두피에 골고루 샴푸한 뒤에 마사지를 해주면 훨씬 효과적이다.

자외선을 차단하라

우리 몸에서 강렬한 자외선을 가장 빨리 접하는 곳은 바로 두피와 머리카락이다. 자외선이 노화를 촉진하고 피부암을 유발한다는 사실이 널리 알려져 있다. 그렇기 때문에 이제 사계절 어느 때나 자외선 차단제를 발라야 한다는 것을 당연하게 생각하고 있다. 하지만 강렬한 자외선을 가장 빠르게 받는 모발과 두피의 자외선 차단이 중요하다는 사실을 인식하는 사람은 의외로 적다. 두피와 모발도 신체의 일부인데도 쉽게 방치하는 경우가 많다.

일단 머리를 차게 하는 것이 건강에 좋다. 야외 활동으로 두피가 열에 많이 가열되는 것은 좋지 않다. 특히 여름철 지속적이고 직접적인 두피와 머리카락의 자외선 노출은 수분을 빼앗고 단백질을 파괴해 노화를 부르며 푸석해 지는 등의 트러블을 유발한다. 멋도 부릴 수 있는 모자를 쓰거나 양산을 챙기자. 일반적으로 바르는 자외선 차단제에는 SPF지수라도 표기되어 있지만 헤어제품은 그렇지 못하다. 자외선 차단 기능이 있다거나 UV 필터 기능이 있다는 판매사의 말은 그야말로 믿거나 말거나다. 양산을 쓰는 것이 자외선으로부터 모발을 지킬 수 있어 여러 면에서 좋다.

두피 관리, 어려울까?

모발을 잡고 있는 두피가 건강해야 모발도 건강하게 자라날 수 있다. 이러한 사실을 간과했던 나는 매일 머리를 감을때마다 습관적으로 샴푸와 린스를 하고는 물기를 제거할 뿐이었다. 그러던 어느날 클리닉에서 두피검사를 받은 뒤 내 두피의 각질을 알게 되었는데, 상태는 심각하지 않은 단

샴푸 전에 귓불, 귀 뒤쪽, 목덜미까지 3분 정도 마사지하고 샴푸에 들어가면 혈액순환이 원활해져 두피 마사지의 효과가 좋아진다.

1. 두피 건강을 위해 좋은 샴푸를 사용하듯이 빗질 또한 중요하다. 엉킨 모발을 빗어서 풀어줌과 동시에 두피를 마사지해 노폐물과 더러움을 제거되기 쉬운 상태로 만들어야 한다.

2. 물을 적신다. 이때 손가락 첫째 마디의 살 부분으로 지그시 눌러 손가락을 튕기듯 손을 떼며 골고루 마사지한다.

3. 머리에 직접 샴푸를 묻혀 거품을 내는 습관은 모발과 두피에 좋지 않다. 세안할 때 손에서 거품을 내듯이 먼저 거품을 내어 머리에 묻힌다. 소량씩 거품을 내어 머리 위, 양옆, 뒤통수에 골고루 얹어놓은 뒤에 가볍게 마사지하면 된다.

4. 절대 손톱을 세우지 말고 손끝의 살을 이용해 살살 마사지한다. 머리카락을 잡고 마구 비비는 사람이 있는데 손상될 위험이 있음을 잊지 말자.

[DHC브러시]

5. 물기를 제거한 뒤에 린스를 바를 때는 샴푸하듯 두피까지 문지르지 말고 끝을 중심으로 모발에만 골고루 바른다. 그러고 나서 5분 대기.

6. 잔여물이 남지 않도록 꼼꼼히 헹구어야 한다. 두피 트러블, 모발 손상, 가려움 등을 방지하려면 정말로 잘 헹구자. 샴푸는 모발만 씻는 것이 아니다. 두피를 깨끗이 씻어야 한다.

계라 걱정할 필요 없다는 말에 안도했지만 그 후로 나는 두피케어에 눈을 뜨기 시작했다. 웰라 SP 리무브 각질제거 샴필링 트리트먼트 3.4 라는 제품과 르네휘테르 콤플렉스 5를 이용해 꾸준히 홈케어를 했다.

모발 발육만큼은 좋았던 탓인지 한달만에 정수리 부분이 채워지는 것을 눈으로 확인했다. 핸드폰 카메라를 이용해 마구 찍으며 기뻐했다. 나의 Before 상태를 정확히 알고 있었기에 거뭇하게 채워진듯한 느낌은 다소 충격이었다! 이렇게 쉬운것이었던가. 간간히 있던 두피가려움도 사라졌다.

머리를 감을 때 머리카락 씻어내는 데만 정신을 쏟거나 린스로 찰랑거리게 마무리해왔다면 평생을 오늘부터 죽기까지 해야 할 것이 있다.

바로 두피 케어이다. 어려울까? 고급 헤어살롱이나 클리닉에 가서만 해야 할까? 매일 하는 스킨케어처럼 매일 두피 관리를 해보자.

잡지에 나오는 고가의 제품과 어려운 마사지법은 무조건 패스다. 남들은 어떨지 모르지만 나는 한 번도 그 순서를 외워 그대로 해본 적이 없다. 오히려 꼭 그렇게 해야만 할 것 같은 생각이 들어 아예 손을 놓게 된다. 못하겠다는 생각이 먼저 든다. 그러나 그리 거창한 일이 아니다. 머리카락 빠는 데만 공들이지 말고 두피를 잘 씻어내자. 머리를 감되 머리카락만 감았기 때문에 각질로 뒤덮인 두피는 늘 가렵다. 손으로 골고루 문질러주자.

이때, 앞서 샴푸 방법에서 나왔던 DHC 브러쉬를 사용해주면 좋다. 두피케어 제품을 따로 쓰는 것도 방법이긴 하지만, 샴푸 과정에서 두피케어 브러쉬를 이용하여 골고루 빗어주면서 마사지를 하면 깨끗이 씻어내는 건 물론 혈액순환에도 큰 도움이 된다.

두피자극　　두피에 적당한 자극을 더해주면 두피 건강은 물론 모근이 자극되어 머리카락도 빨리자라는 효과가 있다. 그런데 이 쉬운 방법을 몸소 실행하기가 쉽지 않다.

방안 책상이나 사무실 한쪽에 브러쉬를 챙겨두어 피곤할때나 몸이 찌뿌둥할 때 브러쉬를 꺼내 두피를 골고루 가볍게 두드려 자극을 가해보자. 별것 아닌 이습관이 건강한 두피와 모발, 발육까지 책임질 것이다.

단, 과하면 금물이다. 오히려 지성두피들은 피지선을 더욱 자극할수 있기 때문에 가볍게 두드리도록 하고 횟수를 좀 줄이는 것이 좋다. 사용하는 브러쉬는 흔히 볼수 있는 쿠션브러쉬! 절대 얼얼할 정도로 두드려서는 안된다!

두피 전용 제품이 있으면 좋지만 특별히 문제성 두피가 아닌 경우에는 샴푸로도 충분한 효과를 거둘 수 있다. 비듬균을 해결해야 하는 비듬을 두피 관리만으로 잡기는 불가능하다. 하지만 우리가 흔히 비듬이라고 착각하는 하얀 각질, 건조하고 자극받은 두피는 두피 관리만 잘해도 효과를 본다. 괜히 비듬 샴푸를 썼다가는 더 건조해질 가능성이 없지 않다. 저자극 샴푸로 부드럽게 씻고 손끝에 소량의 모이스처라이저를 덜어 모발을 훑고 들어가 톡톡 발라준다.

무조건 값비싼 탈모 샴푸부터 찾는 사람들이 많다. 분명 효과적일 수도 있지만 먼저 샴푸하는 습관부터 바로알고, 바로잡는 것으로도 효과를 볼 수 있다. 오히려 처음으로 돌아가 순한 샴푸를 사용하는 것도 좋은 효과를 볼 수 있다는 얘기다. 어차피 비싼 탈모 샴푸도 유전적인 탈모나 폐경기 여성의 탈모는 해결하지 못한다. 그렇기 때문에 자신의 샴푸 습관을 한 번 더 돌아보는 것이 꼭 필요하다.

꿀물의 추천 아이템

❀ 닥터브로너스 베이비 – 8oz, 1만 3천 원대
짧은 머리에 굳이 컨디셔너까지 챙길 필요는 없다. 파마를 했거나 머리가 길면 헤어 컨디셔너를 쓰되 두피에 절대 닿지 않게 모발에만 바르고 헹궈낸다.

❀ 르네휘테르 모발 강화 포티샤 샴푸 – 150ml, 3만 9천 원대
세서미 오일과 UV 필터의 복합 성분이 자외선, 바닷물의 염분, 수영장의 화학 성분으로부터 모발을 보호하며 하루 종일 부드러움과 촉촉함을 유지해준다. 케라틴 단백질 보호 지수 KPF80이 자외선으로부터 모발을 확실하게 보호할 뿐 아니라 방수 기능이 있어 여름철 수상 스포츠의 필수품이다. 끈적임이 없어 가벼운 느낌이며 샤이닝 효과도 있다.

❀ 아베다 브릴리언트 데미지 컨트롤 – 250ml, 3만 원대

스타일링 전에 마른모발에 사용하여 열이나 엉킴으로부터 모발을 보호해 주는 제품이다. 천연 선블록 기능을 가진 쌀겨유 추출물이 들어 있어 자외선 차단에도 도움을 주는 제품. 쌀겨유 성분이 모발을 코팅해 UVA를 차단하며 태양열로부터 받는 자극을 줄여주는 효과가 있다. 바깥활동을 오래할 경우 피부 자외선 차단제와 마찬가지로 두피와 모발 자외선 차단제품도 2~3시간 간격으로 덧발라 줘야 한다. 스프레이나 크림타입의 제품을 휴대하여 사용하는 것이 좋다.

❀ 아베다 컬러 컨서브 스트렝스닝 트리트먼트 – 125ml, 2만 7천원대

아베다의 '컬러 컨서브 스트렝스닝 트리트먼트' 는 해바라기씨 추출물과 씨벅톤 추출물이 강력한 산화방지제 역할을 해 자외선과 외부 유해환경으로부터 모발을 보호해 준다. 자외선 노출로 인해 생성되는 활성산소가 모발의 단백질 결합을 산화시키지 못하도록 제품내의 성분이 방지해주는 것이다. 해바라기와 마카다미아 넛 오일이 모발의 큐티클층을 보고해주기 때문에 염색모발이나 펌을 한 모발에 사용하면 윤기를 잃지 않도록 지켜준다.

꿀물의 다이어트 도전기

22

2005년 2월 말, 병원도 끊고 여드름 피부용 화장품도 끊었다. 스스로에게 '나는 정상 피부'라고 최면을 걸어가며 하루하루를 보냈다. 그러나 실제로는 굉장한 스트레스를 받고 있다는 사실을 깨달았다.

나는 원래 둘째가라면 서러울 정도로 낙천적인 성격에 한숨 자고 나면 모든 근심 걱정을 잊어버리는 스타일이다. 그런 내가 이깟 피부 트러블 때문에 스트레스를 받는다니 납득하기 힘들지만, 그 스트레스로 인해 학업이든 뭐든 의욕을 잃고 방황하는 것 자체가 견딜 수 없었다.

극심한 스트레스로 인해 기도에 집중하는 와중에 때마침 교회에서 동계 수련회를 가게 되었다. 상의는 무슨 옷을 입었는지 기억나지 않지만 밑에는 리바이스 타입원 청바지를 입은 기억이 생생하다. 그전부터 유행하던 제품이었는데 내가 좋아했던 건 왠지 모르게 하체가 축소되어 보이는 듯한 진청색 때문이었다. 물론 부츠 커트나 스트레이트는 내 허벅지에 해당 사항이 없었고 나는 루즈핏을 즐겨 입었다.

그런데 수련회에서 바닥에 무릎을 꿇고 기도하던 중 갑자기 청바지를 입은 허벅지가 터질 것만 같은 불안감에 시달렸다. 기도에 집중이 안 될 정도였다. 루즈핏은 정말 여유 있는 통으로 나온 청바지였다. 그냥 걸어 다닐 때는 몰랐는데 무릎을 꿇는 순간 허벅지를 조이는 듯한 느낌을 받았다. 다늘 기도를 하지 않고 내 허벅지만 쳐다보고 있는 것 같았다.

충격을 안고 집으로 돌아온 나는 스스로 생각해도 조금 어이없는 기도를 시작하게 되었다. 그때는 매우 진지했다. 그해 8월에 3박 4일짜리 하계 수련회가 있었는데 그 기간만이라도 52kg이 되게 해달라고 기도했다. 이왕 기도하는 거 50kg 혹은 48kg을 욕심낼 법도 했다. 하지만 과거 다이어트를 위해 단식원에 갔다가 10kg을 빼고 돌아온 뒤 요요현상이 일어나는 과정에서 52kg 정도 되어보니 뭐, 꽤 괜찮았다. 이래저래 예쁜 옷도 잘 맞았다. 그래서 목표를 52kg으로 정했다.

그 순간 피부 트러블에 대한 스트레스는 온데간데없이 사라지고 모든 신경이 내 몸에 집중되었다.

아무런 노력 없이 4월 말이 되었다. 나는 마음을 다잡기 위해 5일간 금식 기도를 시작했다. 쫄쫄 굶으면서 기도와 함께 하루하루를 거룩하게 보내던 중 4일째 되던 날, 우연히 아빠가 가져온 신문을 보게 되었다. 다이어트에 관한 기사였는데 내용은 기억나지 않지만 뭔가 마음에 팍팍 와 닿는 부분이 있었다. 반나절을 컴퓨터 앞에 앉아 다이어트 관련 정보를 찾아보았는데 어떤 글을 읽어도 눈에 들어오는 건 단 하나였다. "며칠 동안 굶다가 식사량을 예전으로 완전히 되돌리면 오히려 그 전보다 훨씬 더 찔 수 있다!"

단식원에서 10kg을 빼고 단기간에 요요현상을 겪었던 나에게 그 말은 곧 진리였다. "4일 굶었는데 어떡하지?" 절대 다이어트를 위해 금식 기도를 한 것이 아니었다. 그냥 내 생활과 마음가짐 등 여러 가지를 위해 진지하게 시작했던 금식 기도가 한순간에 '4일 굶기 다이어트'로 변해버렸다. 그냥 계획했던 대로 금식 기도를 끝내면 되는데 나는 생각지도 못한 두려움에 사로잡히고 말았다. '여드름도 해결 안 되어 미치겠는데 지금 58kg보다 살이 더 찌면 어쩌자는 거야? 나 드디어 굴러다니는 여드름쟁이가 되는 거야?'

단식원에서 10kg 뺐다가 다시 찐 이후에는 일주일 내리 저녁을 굶어도 몸무게에 변동이 없었다. 이때도 4일을 굶었지만 딱 1kg만 줄어 있었다. 목표는 5일이었지만 그만 굶어야겠다는 생각밖에 없었고, 바로 다음 날부터 밥 대신 죽을 새똥만큼 먹었다. 3일 후부터 밥을 먹기 시작했는데 살찐다는 두려움에 반 공기 이상 먹지 못했다.

그렇게 전혀 의도하지 않은 방법으로 계획에 없던 다이어트를 시작하게 되었다!

죽기 살기로 다이어트!

식사 조절만으로는 몸무게를 줄이기 힘드니 운동을 병행해야 한다는 의견이 많았다. 그래서 휘트니스 클럽에 등록했다.

고등학교 때 몇 달 다녀보고는 내 평생에 휘트니스 클럽은 다시없을 거라고 생각했다. 갇힌 공간에서 제자리 뛰기를 하지 않나, 무거운 것을 들었다 놨다 하며 악을 쓰지 않나, 도무지 나와는 맞지 않았다. 그런데 집에서 엎어지면 코 닿는 곳에 대형 클럽이 있다 보니 다른 방도가 없었다.

5월 초 클럽을 끊었을 때 트레이너가 측정해준 몸무게는 57kg이었다. 5월 말에 54kg으로 마무리하기까지 나는 하루 1,200kcal만 먹는 살인적인 식단으로 버텼다. 한식으로 하루 1,200kcal를 지키려면 거의 풀 반찬으로 연명해야 가능하다. 다행히 한 끼 정도 생선을 추가한 식단이었다.

죽고 못 살던 아이스크림과 과자는 100% 끊었다. 처음에는 조금씩 먹는 방법을 택했지만 식사량을 줄인 탓에 더 먹고 싶어져서 아예 끊어버렸다. 친구들은 독하다고 난리였고, 가족들은 내가 제발 살을 빼기를 바랐는지 아무 말 없이 지켜보기만 했다.

운동은 더 압권이었다. 휘트니스 클럽에서 근력 운동 한 시간, 요가센터에서 요가 한 시간을 하고도 모자라 청담대교에서 잠실대교까지 오가며 한 시간 동안 빨리 걷기를 했다. 근력 운동과 유산소 운동을 병행하고 싶은데 클럽에 있는 유산소 운동 기구들은 나와 맞지 않았다. 답답해서 토할 것 같다. 그렇다. 나는 운동을 즐기지는 않으면서 꼴에 까다롭기는 더

럽게 까다로웠다.

아무튼 하루 3시간씩이나 운동을 했다. 단 하루도 빼먹지 않았다. 체력은 좋았는지 쥐꼬리만큼 먹고도 기운은 쌩쌩했다. 집에 돌아오면 동생이 시계를 보고 늘 경악했다.

"뭐야, 언니, 운동을 3시간이나 한 거야? 내일모레 무슨 시상식 드레스라도 입어?"

누가 시켰거나 경쟁심 혹은 오기로 한 거라면 절대 그렇게 못 했을 것이다. 방법이야 어찌되었든 나는 스스로의 만족과 목표를 위해 정말 열심히 했다. 지금 생각해보면 잘못된 다이어트로 흔히 말하는 강박증 같은 게 아니었나 싶다. 다이어트하는 사람들 중에 그때의 나처럼 미친 듯이 운동하는 사람들을 종종 보게 된다. 살이 안 빠질까봐 혹은 요요현상이 일어날까 싶어 두려운 마음에 에너지를 계속 소비하는 것이다.

충격은 6월 말 체중계에서 찾아왔다. 그토록 적게 먹고 미친 듯이 운동했는데도 6월 한 달 동안 겨우 1kg이 줄었다. 똑같이 7월 한 달을 보낸 뒤에도 달랑 1kg이 줄었다. 그러나 8월 말 하계 수련회에서 52kg의 몸으로 바지가 터질 것 같은 두려움 없이 무릎 꿇고 기도하는 기적이 일어났다!

이후 자신감을 얻어 근력 운동을 열심히 하고 소식을 유지했더니 9월에는 다이어트에 탄력을 받아 48kg을 달성했다. 그러니까 초등학교 6학년 이후 처음 접해보는 40kg대 몸무게였다. 피부는 또 어떤가. 언제 피부 트러블로 스트레스를 받았나 싶을 정도로 뽀얗고 야들야들한 살결을 자랑했다. 평소 식사량에 비해 굉장히 적게 먹었지만 굶지는 않았다. 인스턴트식품을 모두 끊고 한식 위주로만 식사를 했기에 탄력이나 윤기도 거의 잃지 않았다.

더 이상 다이어트를 해야 할 필요성을 느끼지 못했다. 긴장이 풀리고 마음에 여유가 찾아오자 다이어트한 몸을 유지할 수 있다는 자신감이 생겼다. 그러면서 슬슬 끊었던 아이스크림과 과자를 조금씩 먹기 시작했다. 물론 다시 살이 찔 수도 있다는 두려움 때문에 매일매일 몸무게를 재가면서 과자를 먹었다.

끊었던 고칼로리 음식들을 먹어도 몸무게에 변화가 없자 양을 늘려가기 시작했다. 하루에 쿠키 하나를 먹고 마치 마약이라도 한 듯 헤롱거리며 좋아하더니, 그해 11월 친구집에 놀러 가서는 에이스 세 통을 앉은 자리에서 다 먹어치웠다.

이제 더 이상 과자와 아이스크림을 자제하지 못했다. 한 끼 식사를 포기하고 과자로 밥을 대신한 적도 많다. 도무지 제어할 수가 없었다. 말로만 듣던 심각한 식이장애를 경험한 것이다.

초저칼로리 다이어트를 하면 식이장애를 겪을 수 있다. 하지만 특정 음식만 먹거나 특정 음식을 무리하게 절제하는 잘못된 서구식 다이어트를 하게 될 경우에도 식이장애의 고통이 찾아온다. 그러한 다이어트는 방법대로만 하면 확실한 감량 효과가 있지만 건강하고 날씬한 몸을 오랜 시간 유지하는 데는 한계가 있다.

나는 다이어트에 방해가 된다는 고칼로리 음식, 인스턴트식품을 100% 끊어가며 살을 뺐다. 몸무게는 확실히 줄었다. 그러나 줄어든 식사량과 좋아하는 음식을 억제하는 데 따른 심리적 스트레스가 상당했던 모양이다. 그나마 몸무게가 계속 줄었기 때문에 힘을 내어 다이어트를 할 수 있었을 뿐이다.

먹고 나면 늘 곧바로 후회했지만 그동안 억제되었던 것이 폭발해 이미 멈추기 힘든 지경이 되었다. 6개월간 소식을 했으니 조금만 먹어도 포만감이 생겨 과식을 하지는 않았지만 그야말로 하루 종일 쉬지 않고 먹었다.

밥과 담백한 반찬들이 맛없게 느껴지기 시작하고 급기야 빵, 과자, 아이스크림으로 하루 세끼를 먹게 되었다. 베스킨라빈스의 하프겔론 사이즈를 하루 한 통씩 비워냈고 과자는 한 번에 두 봉지씩 먹었다. 그나마 밥을 안 먹고 과자 같은 것들만 먹어 몸무게가 빨리 늘지 않았다. 또 하루 한 시간이라도 쉬지 않고 운동을 한 덕도 있다.

그러나 다음 해 복학을 하면서 이야기가 달라졌다. 학교 친구들과 어울려 밥을 먹는 자리가 많아지자 밥은 밥대로 먹으면서 간식도 계속되었다. 게다가 막 귀국한 남자 친구의 달러로 매일 맛있는 음식을 찾아 헤맸다. 넘쳐나는 과제를 새벽까지 하면서 매일 새벽 오리온 다이제를 한 통씩 먹어치웠다. 다이제 중독이었다. 이제는 몸무게가 늘 수밖에 없는 지경에 이르렀다. 6월이 되자 57kg 달성!

늘어버린 몸무게가 문제가 아니다. 요요현상과 식이장애로 스트레스가 최고를 달렸다. 먹고 난 후에는 늘 괴로워했고 남자 친구에게 히스테리를 부렸다. 다이어트하는 동안에 굉장히 좋아졌던 피부가 다시 나빠졌고 그로 인해 더욱 스트레스를 받는 악순환의 연속! 그러다 몸이 허약해지고 안 좋아져 한의원을 다닐 정도가 되었다.

다이어트를 위해 양방이나 한방을 이용해본 적은 한 번도 없다. 병원을 통하면 다이어트에 효과적인 걸 주변에서 많이 보았다. 그러나 피부 치료와 같다. 다이어트를 방해하는 근본적인 원인을 못 고치면 요요현상은 일어난다. 또한 끊임없이 병원을 의지하게 된다. 그런 현상을 일찍부터 주변 언니들의 사례에서 보아왔기에 다이어트를 위해 병원이나 약에 기댄 적은 없다. 물론 불가피하게 병원이 필요한 경우도 있다.

중요한 것은 살을 찌게 만드는 본인의 습관을 찾아 해결해야 한다. 완전히 고쳐야 한다. 가능하다. 변해버린 내 습관들은 솔직히 지금의 나도 믿겨지지 않지만 가능하다!

다시 시작한 다이어트!

한의원에 다니면서 매일 한약을 먹었는데 나는 의사의 지시를 굉장히 잘 따르는 편이다. 먹지 말라는 거 안 먹고 치료에 열중하다 보니 자연스레 밀가루 음식을 끊게 되었다. 밀가루 음식을 끊어보면 우리 주변에 밀가루가 들어간 음식이 얼마나 많은지 알게 된다. 정말 먹을 게 없었다. 점심시간에는 매일 비빔밥을 먹었다. 지금 와서 생각해보면 가수 박진영이 했다는 비빔밥 다이어트를 한 셈이다.

밀가루를 전혀 안 먹는 대신에 한식 위주로 골고루 먹으며 하루 1,500
~1,800kcal를 섭취했다. 절대 적은 양이 아니다! 한 끼 식사 600kcal 기준
으로 하루 세 끼. 집에서 먹는 밥이면 한 끼 400kcal로도 포만감이 느껴지
고, 쓸데없는 음료수 따위를 끊으면 충분히 가능한 수치다. 한 달 만에 4kg
이 빠졌다.

다른 사람들이라면 몰라도 내가 먹을 거 먹으면서 이런 속도로 살이
빠지다니 상상도 못 한 일이었다. 음식에 스트레스를 받지 않고 하루 한
시간도 운동을 안 하면서 한 달에 4kg이나 빠졌다. 여기에 큰 충격을 받아
이때부터 다이어트를 다시 생각하게 되었다.

오직 경험에서 비롯된 어쭙잖은 소견을 밝히자면, 굉장히 어렵게 다
이어트해도 살은 빠진다. 어떤 방식으로든 살을 빼는 방법은 너무나 많다.
그러나 분명한 사실은 무리 없이 오래 유지하고, 스트레스 없고, 건강을
전혀 해치지 않는 다이어트 방법도 있더라는 것!

나에게는 그야말로 하나님의 은혜이자 기도 응답이었다! 다이어트
하면서 겪은 괴로움, 그보다 몇 배는 더한 피부 때문에 받은 스트레스!

"피부에 윤기 좔좔! 피부가 너무너무 부러워요. 닮고 싶어요. 어떻
게 관리하세요?"

죽기 전에 이런 말을 듣게 되리라고는 기대는 물론 상상조차 못 했
다. 내 삶의 아주 작은 기적! 그토록 고생하면서 48kg까지 뺀 그 시간과 스

킨케어에 쏟은 돈이 무색할 정도로 마지막 다이어트는 너무 쉽게 이루어졌다. 아주 어이없이 날로 먹었다.

"그래서 지금은 이렇게 완벽해졌다." 이런 이야기를 하려는 게 아니다. 여자라면 누구나 원하는 다이어트와 건강한 피부지만 힘들고 돈이 드니까 포기하게 되는 게 현실이다. 나의 경험은 어디까지나 최소 비용으로 최대 효과를 보는 자본주의 생활 관리라는 것이다.

꿀물의
다이어트 비법

23

그간의 다이어트 경험을 자세히 말하고 싶지만 그럼 또 60부작 대하드라마가 되어버린다. 글로 다 말할 재주도 없다. "누구나 석 달이면 꿀물만큼 뺀다! 꿀물의 육성 고백 60분!" 이런 테이프를 녹음해 돌리든지 해야지.

다이어트 성공 후 겪은 요요현상을 비롯해 최대한 요점만 모아모아 생각나는 대로 이야기하겠지만 두서가 없을 게 뻔하다. 그래도 내용 흡수는 셀프이다.

1. 다이어트에 대한 가치관부터 전면 수정하라

"먹는 건 포기 못 한다! 먹고 싶은 거 다 먹고 그 대신에 운동을 많이 하겠다." 아주 멍청한 생각이다. 이렇게 하면 몸이 늙는다. 피부도 늙는다. 운동도 적당히 해야 몸과 피부에 좋지, 먹고 싶은 거 다 먹고 하루 5시간 운동? 해보면 안다. 2주 동안 1kg도 꿈쩍하지 않을 때도 있다. 겪어보면 정말 놀랍도록 신경질이 난다.

또 하나, 모든 다이어트의 기본은 '순리'를 거스르면 안 된다는 것이다. 사람은 먹어야 살지만 아무렇게나 먹는 것이 아니다. 오랜 세월을 통해 사회적, 문화적으로 정해진 1인분이라는 게 있다. 그 1인분을 거스르는 자는 절대 살을 빼지 못한다! 초점을 몸무게에 두지 말고 건강한 몸과 정신에 둔다면 아주 쉽게 빨리 몸무게를 줄일 수 있다!

2. 다이어트 일기를 최소한 3개월은 써라

나는 1년 정도 쓴 것 같다. 다이어트 일기를 쓰고 정말 놀랐다. 기적적으로 알게 된 '47kg'이라는 사이트에 가입하고 무료로 제공되는 다이어트 일기를 쓰게 되었다.

항상 나는 먹은 것에 비해 살이 더 찌는 체질이라고 굳게 믿었다. 그런데 일기를 쓴 후 내가 먹은 것보다 오히려 살이 덜 찌는 체질이란 걸 알게 되었다. 평소 먹던 칼로리를 체크해보니 거의 10년 동안 하루 평균 3,000kcal 이상을 먹으며 살아온 것! 웬만한 장정들보다 더 먹었다. 게다가 주 5일 술을 마시던 미친 스무 살 때는 술로 섭취한 칼로리를 더해야 하니. 쩝.

다이어트 일기는 매우 중요하다! 다이어트를 하는 내내 쓰면 좋지만 그게 안 되면 한두 달이라도 꼭 써보기를 권한다. 자신은 정말 얼마 안 먹는데 살이 안 빠진다고 착각하는 경우가 많다. 써보면 느끼지만 의외로 많이 먹는다.

물론 세끼 식사만이 아니라 왔다 갔다 하면서 먹은 과자 한 조각까지 모두 계산해라. 심지어 나는 고구마 하나의 무게를 재고, 한 입 먹은 후에 다시 무게를 재서 먹은 양만큼 칼로리를 계산했다. 과자 한 조각은 별 게 아니라고 빼놓으면 절대 안 된다. 그것들이 모여 순식간에 한 끼 식사가 완성된다.

3. 건강 상태를 민감하게 살펴라

건강하면서 살만 조금 찐 경우도 있다. 하지만 살찌고 피부가 안 좋은 사람들은 99% 건강에 이상이 있다. 나는 소화기가 약하다. 그럼에도 먹는 걸 너무 좋아하다 보니 몸은 전혀 신경 안 쓰고 언제나 과식한다. 먹고 난 후에 소화가 안 되어 괴로워하며 소화제를 먹으면서도 언제나 과식! 과식! 과식!

과식이 얼마나 치명적인지는 25년 동안 배운 국어 실력으로도 완벽하게 전달할 수가 없다. 과식은 건강한 몸과 피부에 아주 치명적이다. 불에 마른 장작을 넣으면 활활 잘 타지만(소화가 잘되지만) 잘 타지 않는(소화가 안 되는) 땔감을 넣으면 그을음만 가득 생긴다. 같은 원리로 생각하면 된다.

소화가 안 되는 음식을 자꾸 먹으면 소화기관은 그걸 소화시키느라 평소보다 훨씬 힘들어진다. 그을음이 생기는 것과 마찬가지로 얼굴 같은 데 뽀루지가 올라오거나 낯빛이 칙칙해진다.

밤늦게 먹으면 살찐다고 안 먹는 사람들이 있는데 경험에 의하면 매일 밤 먹어도 몸무게가 더 늘어나지 않았다. '밤'에 먹어서 문제가 아니라 낮에 먹고 밤에 '또' 먹는 것이 문제였다. 하루 식사량을 줄이고 평소와 동일하다면 밤에 먹는다고 살이 더 찌지는 않는다. 그러나 야식을 강력하게 반대하는 이유는 하루 종일 혹사했던 소화기관도 쉬어야 몸과 피부가 건강해지기 때문이다. 밤에 먹는 버릇을 들이면 몸이 지치는데다 제대로 된 다이어트를 위한 기본 바탕이 안 만들어진다.

내 몸에서 약한 부분을 빈삼하게 살피고 관리하다 보니 소화기에 문제가 있음을 알게 되었다. 그래서 소화가 안 되는 밀가루부터 100% 끊었다. 그렇게 좋아하는 스파게티, 빵 등 밀가루를 끊고 보니 집 밖에서는 먹을 게 하나도 없었다. 매일 볶음밥, 된장찌개, 비빔밥 등 한식만 먹었다. 매일 먹어도 안 지겨운 게 비빔밥이었다. 비빔밥을 먹을 때는 항상 밥과 고추장을 따로 담아 달라고 부탁했다. 그래서 밥의 반을 덜어내고 거기에 맞게 고추장 양을 조절해 비벼 먹었다. 비빔밥이 지겨울 때는 회덮밥을 먹었다! 볶음밥도 처음에 무조건 반을 잘라내고 반만 먹었다. 처음에는 밥을 줄이지 않고 밀가루만 끊었는데도 살이 빠졌다.

이렇게 절반 먹기를 한 달 동안 했더니 4kg이 빠지고, 탄력을 받아 3개월을 계속하니 그때부터 몸이 이상해졌다. 절반 이상 먹으면 포만감이 화악 느껴졌다. 음식이 턱까지 찬 기분. 밥 한 공기에 이런 기분을 느끼는 건 난생 처음이었다. 절식, 단식 등으로 인한 식이장애를 완전히 극복한 것이다. 이렇게 회복하기까지 몇 가지 중요한 요소가 있었다.

천천히 먹기　　　밥을 천천히 먹는 습관을 완벽히 들이기까지 3개월 이상 걸렸다. 천천히 먹는 연습은 외식할 때보다 집에서 먹을 때 한다.

평소 컵라면에 뜨거운 물을 부어서 먹기까지 대략 7분 완성이었다. 그런데 천천히 먹어야 적게 먹고 살이 덜 찐다는 이야기를 들은 후부터 철저하게 고쳤다. 씹으면서 백 번을 세고 삼키는 게 너무 귀찮아 딴 곳에 정신을 팔며 밥을 먹었다. 밥 먹을 때 책이나 텔레비전을 보면 먹는 양을 몰라 과식하게 된다며 오직 밥을 먹는 데 집중해야 한다고 여러 다이어트 칼럼에서 보았지만 밥에 집중하니 지겨워서 못 씹겠더라.

나는 오히려 이걸 역이용했다. 한 끼 먹을 밥과 반찬만 식탁 위에 덜어놓고(다이어트 일기에 입각한 한 끼 먹을 칼로리를 바탕으로 양을 철저하게 조절했다. 번거롭고 엽기적으로 보일지 모르지만 3개월 이상은 주방용 저울까지 사용하면서 아주 철저하게 양을 관리했다) 딱 그만큼을 성경책을 보면서 먹었다. 한 절 읽고 한 입 먹고 하는 식으로.

가루가 될 때까지 씹었다. 성경 한 절이 끝나기 전에는 숟가락을 식탁에 내려놓고 들지 않았다. 그렇게 먹으니 한 끼를 30~40분에 먹게 되었다.

적은 양이라도 30분 동안 식사하니까 그 포만감이 놀라웠다. 배가 불러 물 한 모금 안 들어갔다. 3개월을 계속하니까 어디서 먹든 천천히 먹고 빨리 먹는 애들과는 식사를 피하게 되었다.

　　　　과자보다 더 끊기 힘든 게 유산균 요구르트였다. 나는 시중에서 파는 유산균 요구르트를 모두 섭렵할 정도로 유산균 요구르트 마니아이다. 하루 하나 이상은 먹어야 눈이 떠지는데 끊는다는 건 말이 안 된다. 물론 먹었다(덴마크 드링킹 요구르트 300ml는 300kcal가 넘는다. 밥 한 공기와 맞먹는다). 과자도 먹었다.

여기서 중요한 게 있다. 마른 애들의 생활습관을 배워라. 그 이상한 애들은 과자를 먹어도 한 끼 먹은 걸로 친다! 밥 먹으러 가자고 하면 "나 아까 초코칩 쿠키 한 통 먹어서 배불러!" 초코칩 쿠키 먹고 배불러지는 너는 어느 별에서 왔니?

과자가 먹고 싶으면 밥 한 끼 대신에 그 과자를 먹어라. 정말 먹고 싶은 과자를 하나 골라서 우유랑 먹든지 더 여건이 되면 과일을 추가하든지 하라. 나는 '하루 야채'도 매일 마셨다. 이거 먹으면 피부 좋아진다는 야쿠르트 아줌마의 마케팅에 완전히 넘어가 강제로 먹고 있는데 1년이 넘은 지금도 맛이 없어서 너무 괴롭다.

배가 많이 고플 듯싶겠지만 습관이 되니 정말 과자가 한 끼 식사가 되는 기이한 일이 일어났다. 과자 한 봉지에 배가 부르고 더 이상 먹을 게 생각나지 않았다. 예전에 회사에 다닐 때 느닷없이 새우깡에 중독되어 매일 점심 대신에 새우깡 한 봉지와 요러브 생크림 요구르트를 하나씩 먹었다. 한 달 내내 그렇게 먹어도 몸무게는 늘지 않았다. 간식이 아니라 밥 대신에 먹었기 때문이다. 절대 과자를 참지 말고 먹어라. 그러다 보면 어느 순간 과자보다 밥이 더 좋아진다.

옥주현, 배용준 등이 닭 가슴살 다이어트를 했다고 해서 나도 냉동실 가득 닭을 채워 넣고 몇 개월 동안 닭 가슴살 샐러드만 먹은 적이 있다. 아, 그게 어디 사람 사는 건지 지겨워서 못 참겠더라. 원치 않는 걸 먹어야만 한다는 생각에 닭을 먹고 배가 불러도 자꾸 다른 게 생각났다. 식이장애로 가는 위험 단계다.

다이어트에서는 음식의 질이 매우 중요해 살이 안 찌는 걸로 가려 먹어야 한다. 하지만 더 중요한 건 양이다. 아무리 음식을 가려 먹어도 양을 줄이지 못하면 절대 살을 빼지 못한다. 양을 줄이는 습관을 통해 무얼 먹든 조금 먹는 사람이 되어야 한다. 그러면 요요가 오지 않는다. 여기서 조금 먹는다는 뜻은 전보다 조금 먹는 것이지 지극히 정상적인 양이다.

예전에는 무스쿠스나 빕스 같은 곳에 던져지면 식신이 되었다. 그러나 이제 호텔 뷔페를 가도 한 끼 양만 먹을 뿐이다. 머릿속에서 "진짜 배부르다. 도저히 못 먹겠다. 그만 먹어야겠다"는 생각이 자꾸 든다. 어느새 나도 모르게 젓가락을 이미 내려놓고 있다. 예전에는 음식만 앞에 두면 머릿속이 하얘져서 뭐든 그냥 먹어댔다.

술, 담배를 하면서 다이어트하겠다는 사람은 부디 없기 바란다. 다이어트에 앞서 건강을 체크해 건강에 해가 되지 않고 약한 부분에 득이 되는 자신만의 다이어트를 만들어야 한다!

4. 운동하기보다 운동하는 사람이 되어라

무슨 운동이든 좋다! 어떤 운동이 살 빼는 데 더 효과적인지 따지지 말고 꾸준히 하기나 하라. 꾸준히 하지 않는 사람들이 살이 더 잘 빠지는 운동을 찾는다. 내가 그랬거든.

다이어트하면서 살을 뺀 것보다 더 기뻤던 것은 운동을 즐기지 않던 내가 운동을 너무 좋아하게 된 것이다. 운동을 즐기면서 장기적으로 하다 보니 내가 그동안 얼마나 요령 없이 운동했는지 알게 되었다. 흥미가 없어서다. 무슨 운동이든 제대로 된 방법을 배우면서 해야 한다. 인터넷이나 책을 통해 방법을 찾아가면서 하면 효과적이고 운동능력 또한 상승하기 때문에 상당한 재미를 느끼게 된다.

'다이어트' 하면 걷기 운동이다. 유산소 운동인 걷기는 지방 연소에 좋지만 조금만 과해도 근육이 같이 빠지는 단점이 있다. 나는 요가, 필라테스, 인터벌 트레이닝, 수영, 에어로빅 등 안 해본 운동이 없지만 별 만족 없이 다 그만두었다. 마지막으로 잡은 것이 바로 휘트니스 센터 하나!

센터에서 몇 시간씩 보내는 사람들과 달리 나는 도착해서 나오기까지 샤워하는 시간 빼고 한 시간을 넘기지 않았다. 뻔뻔하게 유산소 운동도 안 하고 근력 운동만 했다. 복근 운동을 특히 열심히 했다. 실제 운동 시간은 40분 정도. 주 4일. 그런데 한 달에 4kg이 빠졌다.

요요현상을 겪기 전 하루에 3시간씩 운동한 생각을 하면 정말 놀라운 결과다. 무조건 적게 먹고, 무조건 오래 운동한다고 더 빠른 결과가 나타나는 게 절대 아니라는 것. 최적의 컨디션을 유지하면서 차근차근 규칙적인 습관을 만들어가면 몸도 마음도 바로잡히면서 적은 노력으로 최대의 효과를 볼 수 있다.

고도 비만자들은 유산소 운동을 중심으로 해라. 걷기 80%, 근력 운동 20%가 적당하다. 50kg대로 접어들면 근력 운동 70%, 유산소 운동 30%에 맞추고 몸무게가 조금 더 떨어지면 80대 20으로 해도 좋다.

다시 말하지만 운동으로 살을 빼겠다는 생각은 아예 버려야 한다. 운동은 몸을 튼튼하게 하고 유지하는 정도로만 생각하라. 다이어트는 무엇보다도 과도하게 먹던 음식의 양을 정상으로 돌리는 것이 가장 우선이다! 과한 식욕을 버리지 않고 쉽게 하려다 보니 엉뚱한 곳에서 방법을 찾고 돈을 쓰게 된다.

그리고 과식에 익숙한 식이습관을 정상으로 돌려놓는 치료가 필요하다. 계속되는 과식은 이미 장애라고 보면 된다. 사람은 적정량을 먹으면 배부르다는 신호를 보내고 포만감을 느끼게끔 만들어져 있다. 포만감은 식욕을 떨어뜨려 더 이상 먹지 않게 만든다. 그런데 계속 먹는다는 건 이러한 일련의 조절 기능이 망가졌다고 보면 된다.

평소 먹던 양의 절반을 먹고도 배불러서 미칠 것 같은 기분을 평생 느낄 일이 없을 줄 알았다. 언제나 소같이 먹던 나도 성공했다. 누구나 가능하다. 배불러도 계속 먹던 습관이 고쳐지자 머리에서 정말 신호가 온다. 조금만 먹어도 배가 부르다. '그만 먹어야지' 하는 신호가 느껴지는 날이올 것이다. 그 신호를 무시하고 더 먹으면 '배불러서 토하겠다'는 신호가 온다. 몸은 어느새 숟가락을 내려놓고 있다.

채식만을 권하는 건 절대 아니다. 육류도 섭취하되 채식 위주로 하면 소화가 잘된다. 나는 소화제를 입에 달고 살았는데 소화제 안 먹은 지 2년이 다 되어간다. 스테이크를 먹어도 1인분만 먹어라. 시중에 판매되는 1인 세트는 1인분을 초과한 양이다. 무조건 남겨야 정상이다.

나는 원래 외식하면 밥을 절대 안 남겼다. 맛있는데, 먹을 수 있는데 왜 남겨. 그래서 언제나 싹싹 비웠다. 다이어트를 하면서 생각을 바꿨다. 너무 맛있어서 혹은 돈이 아까워서 배부른데도 다 먹으면 살쪄서 스트레스 받고, 남긴 밥의 몇십 배 되는 돈이 다이어트하는 데 든다. 외식하면 아낌없이 남겨라. 남은 밥을 보며 내 몸의 지방이 그만큼 빠져나간다고 생각해라. 그래도 아깝다면 차라리 외식을 하지 마라.

5. 물과 친해져라

운동하는 사람이 되면 물도 잘 마셔야 한다. 굉장히 많이 마실 필요는 없으니 부담 느낄 필요 없다. 어느 기사에서 보니 옥주현이 하루 6ℓ인가 마신다는데 물에 원수진 것도 아니고 1.5ℓ만 마셔도 충분하다. 안 마시던 사람은 이것도 힘들다.

나는 밥 먹을 때 물을 전혀 마시지 않는다. 국도 잘 안 먹는다. 밥 먹을 때 물을 마시면 조금만 먹어도 배가 부르다. 그런 점이 다이어트에 좋다지만 오히려 소화가 안 되고 더부룩해서 식사 중에는 절대 안 마신다. 식후 1 시간 30분쯤 지나 배가 꺼져갈 때부터 식전 1 시간까지 마신다.

예전에 콜라 중독이었던 내가 지금은 탄산음료를 모두 끊고 피자나 치킨 먹을 때만 반 컵 정도 마신다. 편의점에서 콜라를 사본 기억이 이제는 사라지고 없다. 물을 잘 안 마시던 편이어서 좋아하기 위해 굉장히 노력했다. 나름 지겨움을 없애고자 갖가지 브랜드 물을 다 사 마셨다. 마치 다양한 음료를 마시듯. 그런데 그 맛이 그 맛이었다.

주스에 입맛을 들이면(미닛메이드도 거의 중독에 가깝게 마셨다) 물이 점점 더 싫어져서 무가당이라고 해도 주스는 잘 안 마신다. 유난히 주스가 당기는 날은 무조건 반 컵만 따라 마신다. 이제 습관이 되어 주스 한 컵을 다 마신 기억도 가물가물하다.

6. 소금과 화학조미료를 멀리 해라

짭짤한 음식은 모두 밥도둑이다. 김, 스팸 등은 배가 불러도 밥을 자꾸 더 먹게 만든다. 그래서 밥상 위에 아예 놓지 않는다. 가족들은 모두 정말 잘 먹는다. 솥에 삶는 거라면 개고기랑 빨래 빼고는 다 먹는다. 그러나 싱겁게 먹는다. 화학조미료는 아예 집에 없다. 나는 조미료를 전혀 안 쓰고도 요리를 맛있게 하는 우리 엄마가 해준 밥을 좋아한다. 이 부분은 엄마에게 대단히 고맙다.

다이어트 초기 3개월은 외식을 거의 끊고 싱거운 반찬과 화학조미료

없는 반찬으로 먹어라. 그런 식사에 익숙해진 후에 외식을 하면 조미료 맛이 화악 느껴진다. 조미료는 건강과 다이어트, 피부에 최대 적이라는 생각을 자꾸 해서인지 어느 순간 조미료 맛이 역하게 느껴졌다.

그 후 밖에서 파는 찌개를 잘 안 먹게 되고, 조미료 맛이 강한 음식도 피하게 되었다. 인스턴트식품은 거의 저절로 끊어졌다. 미각이 살아나면 양념 없는 두부와 야채를 먹어도 고소하고 맛있다. 그러나 조미료에 익숙해지면 집에서 먹는 밥이 싫어지고 고칼로리 음식만 찾게 된다. 그리고 곧 살이 찐다.

여전히 내게는 숙제가 남아 있다. 요즘 몸무게는 49~50kg을 왔다 갔다 하는데 지방이 많고 근육량이 모자라다 보니 몸무게에 비해 더 나가 보인다. 이래저래 바쁘다는 핑계로 휘트니스 센터에 안 나간 지 한참 된 것 같다. 다행히 살은 더 찌지 않았고, 매일 든든하게 배불리 먹어도 절대 52kg을 넘어가지 않지만, 한 살 더 먹기 전에 근력운동에 박차를 가해야 한다. 근력 운동에 박차를 가해야 한다.

더 시급한 문제는 상하체 불균형이다. 허리는 26인치인데 허벅지 때문에 27인치를 입어야 한다. 허리는 크지만 허벅지는 낀다. "더 이상 답이 없다. 내 삶의 모든 에너지는 허벅지로부터!"라고 스스로 위로하며 죽을 때까지 가져갈 나의 자산이라고 생각했다.

그런데 얼마 전 하체 비만으로 고민하던 장나라가 중국에서 경락을 받고 효과 봤다는 정보를 접했다. 만나는 언니들을 붙잡고 경락이 효과가 있느냐고, 잘하는 데가 어디냐고 캐묻고 다녔다. 꾸준히 하면 효과를 본다는 것 외에 속 시원한 정보는 못 얻었다. 가격도 상당히 비싼 모양이다. 비뚤어진 골반 관절로 인한 하체 비만은 교정과 운동을 반복하면서 살을 빼는 경우도 있다.

나이 들어 살 빼면 고생하고 살만 처진다　　20대가 가기 전에 살 빼고 운동하고 몸매와 피부를 관리해 예쁜 옷도 마음대로 입어보고 다시 못 올 20대를 맘껏 즐겨라. 최종 목표는 47kg이다! 지금보다 좀더 먹는 양을 줄이면 곧 47kg까지 떨어지겠지만 먹는 즐거움이라는 최소한의 심리적 만족은 절대 포기할 수 없다! 또한 근육 부족의 47kg은 아무런 의미가 없다. 47kg까지 가는 마지막 코스는 근육량 증가다. 그러기 위해 기초대사량 높이기에 혼신의 힘을 다할 생각이다.

밥은 1/3만 먹기로 했다고?　　다이어트를 위해 밥을 1/3만 먹겠다는 결심은 장하다. 그러나 평생 그렇게 먹지 않을 거라면 강력 비추천이다. 너무 적은 양이다. 다이어트 자료들을 간혹 살펴보면 밥을 1/3 공기만 먹다가 서서히 늘려가라는데 서서히 어디까지 늘리라고? 서서히 늘리라는 말에 속지 마라. 너무 적게 먹다가 늘려가면 참았던 욕구가 순간 폭발해 1/3 공기가 서서히 늘어나 세 공기까지 늘지 모른다.

칼로리를 친구로 삼아라　　　평생 소식하는 사람들은 일반인의 절반 정도를 먹는다. 적게 먹는 것 같지만 요즘의 일반적인 1인분이 과거보다 훨씬 많다는 신문기사를 읽은 사람들도 있을 것이다. 내가 말하는 소식은 진정한 1인분을 먹으라는 이야기다. 그 정도 먹어도 사는 데 지장 없고 몸에 무리가 안 간다. 처음 양을 줄일 때는 솔직히 힘들다. 몸이 아니라 심리적으로.

배고픔이 빨리 오면 중간중간 간식을 먹어서 하루치 칼로리를 조금만 더(최대 300kcal 정도) 높여가면 된다. 나는 크래미나 두유를 즐겨 먹었다. 한 끼를 과하게 먹지 않는 것이 중요하다. 경험상 밥 반 공기를 6개월 이상 먹었지만 전혀 문제없었다. 배만 부르다. 집에서는 반찬을 다섯 가지 이상 꺼내놓고 먹는 게 버릇이라 먹다 보면 배불러 죽을 것 같다는 신호를 느끼고 스스로 놀란다.

다이어트 일기를 쓰라는 건 하루에 정한 칼로리 내에서 양을 조절하라는 말이다. 이것은 자기 의지 문제다. 하루에 1,500kcal로 정해놓고는 오늘만 2,000kcal를 먹자고 욕심을 내면 결국 실패하고 만다. 평생 어떻게 다이어트 칼로리에 의지해 사느냐고 할지 모르지만 나의 경험에 의하면 처음에만 힘들다.

가끔 다이어트 관련 기사들을 보면 칼로리를 잊으라는 말이 나오는데 칼로리 지식만큼 내 식사량 조절에 도움이 되는 건 없었다. 나는 칼로리를 계산해 음식량을 조절했고, 언젠가부터 음식들의 칼로리를 모두 파악하게 되었다. 습관을 들이면 절제하는 데 도움이 되고 우리가 먹을 음식을 현명하게 판단한다. 예를 들어 어떤 음료수가 한 캔에 150kcal라고 하자. 그걸 마실 바에는 0kcal인 물을 마시고 음료수의 칼로리만큼 아낀 것으로 먹고 싶었던 고구마를 더 먹는 식이다. 같은 칼로리이지만 잠깐의 만족을 주는 음료수보다는 좀더 배부르고 몸에도 좋은 음식을 찾는 나를 발견하게 된다. 음료수는 배도 별로 안 부르고 칼로리만 높다. 그래서인지 음료수 끊는 게 가장 쉬웠다.

다이어트의 기본, 평생을 가야 한다 생식 가루, 청국장 가루를 맛있어서 먹나? 다이어트 때문에 먹나? 맛있어서라면 전혀 문제없다. 그러나 다이어트 때문이라면 어느 순간 토할 것만 같을 때가 온다. 심해지면 다른 음식, 가령 단 음식에 집착하는 현상까지 초래할지 모른다. 죽을 때까지 먹을 수 있는 것으로 다이어트를 하고, 그것이 밥이라면 밥에서 승부를 내라.

단, 청국장 가루의 경우에 우리 엄마는 몇 년째 먹어오고 있다. 수년 전 초기 암으로 수술을 한 적이 있어 꾸준히 먹는데, 나는 3개월 아주 열심히 먹다 질려서 포기했다. 엄마를 보면 청국장의 효과는 제대로다. 6개월 후부터 피부가 정말 좋아졌다. 주름이 개선되지는 않았지만 피부가 매끈해지고 거칠었던 종아리에서는 한 꺼풀 벗겨진 듯 광이 난다.

언제쯤 평소대로 돌아가느냐고 묻지 마라 다이어트가 끝나고 평소대로 돌아간다는 기대부터가 잘못이다. 평소가 뭘 말하는가? 막 먹고 막 살던 그때 그 시절? 그게 싫어서 다이어트를 했으면서 왜 그때로 돌아가려는 가. 다이어트는 일시적으로 음식을 바꾸거나 잠깐 먹는 양을 줄여 살을 빼 는 게 아니다. 그런 생각 자체를 바로잡지 못하면 계속 같은 자리만 뱅뱅 돌게 된다. 다이어트는 잘못된 식습관, 생활습관을 바꾸어 삶의 질을 몇 단계 높이는 것이다. 그리고 그 모습 그대로 쭈욱 평생을 사는 거다. 처음 부터 무리해 양을 줄이면 안 되고 평생 이어갈 수 있는 것으로 해야 한다.

말한 모든 걸 지켜야 한다　　　처음에는 진짜 어렵다. 평생 살아오던 생활 습관을 바꾸기가 힘들다. 그러나 다른 다이어트에 비해 훨씬 쉬웠다! 다른 다이어트는 부작용은 둘째 치더라도 살을 뺀 후에도 계속되는 관리와 스 트레스가 뒤따른다. 하지만 습관이 바뀌고 그것이 안정되기까지(대략 1년 이상 잡는 게 좋다) 유의해서 이어나가면 그때부터 모든 게 변한다. 스트 레스가 없고, 몸도 생각도 변한다.

　　지금은 먹고 싶으면 스파게티도 얼마든지 먹는다. 그런데 습관을 바 꾸면서 밀가루를 끊고 그 효과를 보았다. 스파게티를 반쯤 먹다가 배불러 서 그만 먹는 경우도 있지만 "이거 밀가루지? 밀가루를 많이 먹으면 소화 가 안 돼. 그만 먹어야겠다" 그러면서 젓가락을 놓게 된다. 없어질 때까지 다 먹던 예전과 전혀 달라졌다.

　　음식을 시킬 때도 정말 먹고 싶어 미치겠는 아주 이상한 날 외에는 밀가루 음식 자체를 잘 시키지 않는다. "어차피 이거 시키면 밀가루라 잘 먹지도 않을 텐데” 하면서 안 시키게 된다. 예전에는 항상 까르보나라를 시켰는데 이제는 당연히 리조또를 시킨다. 친구가 시킨 스파게티를 한입 먹으면 바로 먹기 싫어진다.

힘들었던 과정이 지나면서 밀가루 음식은 나에게 부담스러운 음식이란 생각이 머릿속에 새겨졌다. 굉장히 좋아하던 길거리에서 파는 간식거리들도 요즘에는 내 돈 주고 사 먹는 일이 없다. 가뜩이나 양을 줄였는데 이왕이면 몸에도 좋고, 맛있고, 질 좋은 음식을 먹지 길에서 파는 정체불명의 음식들로 칼로리를 채우기가 아깝다는 생각이 든다.

처음에는 가능하면 혼자 먹는 게 좋다　　외로운 만큼 살이 빠진다. 혼자 먹으면 천천히 먹는 습관을 들이기도 쉽고 양 조절도 더 수월해진다.

배고픔을 오래 방치하지 마라　　배고픈 시간이 길어지면 그 후 음식을 접했을 때 허겁지겁 먹게 된다. 천천히 먹으려고 노력해도 조절하기가 상당히 힘들다. 빨리 먹으니 당연히 배가 차 올라오는 느낌이 없다. 너무 바쁘다는 등 여러 가지 이유로 식사 시간을 지키기 어려울 때는 뭐라도 먹어 위를 달래주어라. 고구마 한 조각이라도 먹은 것과 안 먹은 것의 차이는 엄청 크다.

정말 불규칙한 사람들이라면 적은 양을 자주 먹는 것도 배고픔에서 벗어나는 좋은 방법이다!

미모의 재발견

24

피부를 위해서는 스킨케어뿐만 아니라 생활습관이 중요하다. 하지만 생활습관을 바꾼다고 당장 결과가 나타나는 것이 아니기에 꾸준히 열심히 하는 사람이 별로 없다. 그저 고가의 크림이나 파운데이션을 살 수 없는 처지를 한탄할 뿐이다. 그러나 생활습관을 무시해서는 절대 안 된다. 아르마니 파운데이션 따위가 아닌 저가의 제품으로 빛나는 피부를 자랑하려면 기본 바탕이 좋아야 한다. 그 바탕은 절대 화장품으로만 만들어지지 않는다.

66에서 55 사이즈로 가는 동안에 저절로 식생활, 수면, 건강을 잘 관리할 수 있게 되었다. 걸어 다니는 종합병원이라는 별명도 탈탈 털어버렸다. 잡지나 신문을 보면 워낙 정보가 많아서 건강한 식습관과 생활습관에 대해 이야기해보라고 하면 못할 사람이 없을 것이다. 다만 골치 아프고 복

잡하고 익숙하지 않아서 실천을 못할 뿐이다. 생각을 전환하라!

과식의 늪에서 피부를 건지다

사람들은 피부가 몸 상태를 반영한다는 사실을 곧잘 잊는다. 피부는 우리의 몸속 건강 상태를 나타내는 지표와도 같다. 몸이 유독성 음식을 제거하기 힘들면 피부를 통해 배출한다. 땀과 독소로 인해 피부가 붉어지고 핏줄이 서는 것도 그 때문이다.

다이어트 이후 피부가 좋아졌지만 요요를 겪으면서 다시 악화되었고 신나게 하던 운동도 몇 개월 쉬어보았다. 이래저래 다양하게 시도해보며 그때그때 피부를 살폈다. 일단 내 피부는 재생 하나는 끝내주었다.

또 여러 병원을 다니면서 내가 다른 장기는 튼튼하지만 소화기와 간이 약하다는 사실을 알게 되었다. 그런데 소화불량을 오래 달고 살았어도 변비 한 번 제대로 걸려본 적 없다.

왜 간이 나쁠까. 어릴 때 술을 많이 마셔서? 켁! 간은 해독을 위한 중요한 장기라고 알고 있다. 간이 나쁘면 나는 해독 기능이 떨어진다는 소리? 과거에는 술도 안 취하고 얼굴 하나 빨개지지 않았는데 내가 해독 기능이 떨어진다니 아닐 거야.

결국 수년간의 시행착오 끝에 나는 내 피부 트러블의 원인을 찾았다. 다시 말해 내가 조심해야 할 부분들이 있었던 것이다.

- 과식 금지: 소화에 무리가 갈 만큼 많이 먹으면 안 된다. 다른 사람들이 그렇게 먹는다고 따라갈 것 없다. 적게, 내 소화 기능에 맞게 먹는 것이 중요하다.
- 식사 속도: 급하게 빨리 먹으면 소화에 무리가 온다. 가급적 천천히 먹는다.
- 음식 조절: 억지로 참지는 않지만 소화에 장애를 주는 모든 음식들, 특히 밀가루를 자제한다. 먹어도 소량만 먹는다.
- 인스턴트식품: 이건 단순히 소화되고 안 되고의 문제가 아니라 독성이 많은 첨가물을 피하기 위함이다.
- 금주
- 독소 배출: 스파, 사우나, 경락 마사지 등 독소를 배출하는 데 좋다는 건 다 챙긴다.
- 운동: 다이어트를 하면서 몸무게 감소 이상으로 좋았던 것은 죽도록 싫어하던 운동을 정말 좋아하게 된 점이다. 평생 모르고 살았을 운동에 흥미를 갖게 되었다. 운동은 정말 중요하다.
  스파나 운동 중 하나만 안 하는 것은 괜찮지만 둘 다 그만두고 3개월여가 지나자 트러블이 올라오기 시작했다. 둘 중 하나만 다시 시작해도 회복된다. 둘 중에는 물론 운동이 가장 효과가 좋다.

- 하루 세끼 규칙적인 식사
- 하루 1.5리터 이상의 물
- 비타민과 무기질 공급
- 커피, 콜라 등 인스턴트 음료로부터 해방
- 초콜릿, 사탕, 과자 금지
- 무리한 다이어트 금지
- 적절한 음식 섭취, 충분한 채소와 과일 섭취
- 금주, 금연
- 규칙적인 수면 시간
- 청결한 침실, 먼지 없이 깨끗한 침구
- 원활한 배변
- 규칙적인 생리 주기
- 운동
- 스트레스(업무, 대인관계) 해소
- 집/사무실의 적절한 온도와 습도
- 적절한 온도와 습도 (히터, 에어컨 사용 절제)

나를 길들이는 식습관

25

스킨케어를 뭐라고 생각하는가? 올바른 식생활을 바탕으로 매일 씻겨 나가는 피지를 채워주는 것이다. 현재 피부를 최상의 상태로 유지하는 것도 스킨케어가 되겠지만 피부가 쉽게 늙지 않도록 매일 보살피는 것이 기본이다. 스킨케어의 최고봉은 집에서 먹는 밥이다. 밥이 보약이다. 집밥이 보약이다.

맛있는 음식, 좋아하는 음식을 먹으면 진짜로 행복해진다. 비록 행복감이 길게 가지는 않지만 첫술을 떠먹을 때와 한 입 베어 무는 순간의 행복은 짜릿한 쇼크다!

그런 순간적 짜릿함을 즐기며 20년을 넘게 살아왔는데, 이제야 비로소 좋아하는 음식의 대부분이 내 몸에 해가 된다는 사실을 깨달았다. 과학적 증명이나 전문가적 지식을 다 덮어두더라도 내 눈에 보이는 식후 반응만으로도 더 이상 먹어서는 안 될 것임을 알 수 있다.

왜 내가 가장 좋아하는 음식이 '된장'일 수 없었을까? '풀 반찬' 두서너 가지에 침 질질 흘리며 식탁 앞으로 달려드는 여자로 성장했더라면 적어도 음식으로 인한 스트레스는 없었을 것이다.

세상에서 가장 좋아하는 군만두는 말만 들어도 여전히 자다가도 벌떡 일어난다. 유명한 만두집의 군만두뿐만 아니라 인스턴트 군만두도 완소 아이템이다. '세계 각국의 군만두 여행', '브랜드별 군만두를 파헤친 꼼꼼 리뷰' …… 뭐, 이런 것이 내 인생의 숙원 사업쯤 되겠다. 군만두 앞에서 화장품 따위는 뒷전일 정도였다.

그러나 '식품첨가물'을 알게 되고 경계하기 시작한 3년 전부터 만두와 나는 관계가 서먹해지기 시작했다. 지난 만두 파동 때도 아랑곳하지 않았을 만큼 둘도 없는 사이였는데.

건강 관리, 피부 관리는 장기전이다. 고가의 노화 방지 크림이 30대, 40대에도 내 피부를 지켜줄 거란 기대는 없다. 내 몸을 생각해서, 내 피부를 생각해서 음식을 가려내다 보니 우리 집 식탁에서 인스턴트 만두가 설자리가 없어졌다.

한때는 스트레스가 되기도 했지만 좋아하는 음식을 억지로 참음으로써 생기는 스트레스가 더 이상 없다. 식습관을 고쳐가기 시작한 몇 년 동안 무언가를 먹는 과정에서 일어나는 나의 비정상적인 습관들이 이제 지극히 정상적인 상태로 돌아왔다.

그렇다고 평생 먹어온 음식들이 한순간 꼴도 보기 싫어진 건 아니다. 지금도 여전히 공복에 가장 먼저 떠오르는 건 바삭하게 구워낸 만두, 치즈 와퍼, 아니면 포카칩 한 봉지?

내 해결 방법은

- 좋아하는 음식이 아닌 좋아하는 재료를 생각한다.
- 좋아하는 재료 중 몸에 좋은 것들을 골라낸다.
- 좋아하고 몸에 좋은 재료로만 냉장고를 채운다.
- 좋아하는 맛으로 입맛에 맞게 조리한다.
- 한 끼에 1인분씩 먹는다(욕심내면 안 되지만 양을 많이 줄여 먹지도 않는다).

피부를 위해 똑소리 나게 먹기

마트에 가면 수많은 채소가 있다. 나물 반찬이 아무리 싫어도 그중 맛있게 먹을 수 있는 재료가 분명히 있다. 사실 가지나 샐러리 같은 건 여전히 입도 못 댄다. 그러나 오이, 청경채, 무순, 브로콜리, 양상추, 로메인 상추, 파프리카 같은 채소는 드레싱 없이 생으로도 잘 먹고, 양파와 마늘은 익혀서 매운 맛만 사라지면 별다른 간을 하지 않고도 아주 잘 먹는다. 채소를 많이 먹으려고 애쓰다 보니 내가 잘 먹을 수 있는 재료를 알게 되었다. 이러한 재료들은 냉장고에 꼭꼭 채워놓는다.

그러나 채소만 먹을 수는 없지 않은가? 좋은 단백질원도 찾아본다. 나는 생선, 콩류, 두부를 좋아한다. 고기도 가끔씩 먹는다. 그 재료들을 맛있게 조리한다. 한식 조리법을 따를 때가 많다. 간단히 드레싱만 얹어 먹을 때도 있다. 그렇게 먹는 것이 뭐가 좋을까? 맛있고 배부르기까지 하다.

맛있고 배부르면 군것질 생각이 전혀 안 난다. 먹기 싫은 것이 아니라 좋아하는 음식으로 배를 채웠기 때문에 그 만족감과 포만감이 다른 음식에 대한 아쉬움이 없도록 만들어준다. 몸에도 좋다.

음식의 질은 높이되 칼로리는 낮추어야 한다. 과식이 피부에 안 좋은 영향을 미친다는 연구 결과가 속속 나오고 있다. 하루 권장량을 넘지 않도록 칼로리를 조절해야 건강한 피부를 얻을 수 있다. 스킨케어의 왕도는 바로 적게 바르고 적게 먹는 것이다.

어릴 때 약을 많이 먹어서 지금도 약이라고 하면 본능적으로 거부감을 느낀다. 초등학교 시절 이비인후과 질환을 앓는 바람에 거의 6년 내내 매일 약을 먹었다. 지금 생각하면 어떻게 그랬나 싶을 정도다. 지금은 살 빼주는 약이라고 해도 거들떠도 안 보지만 비타민만큼은 챙겨 먹는다. 비타민의 꾸준한 복용이 미백과 피부 건강에 도움을 준다는 사실은 누구나 다 안다. 그러나 하루 이틀 먹어서는 턱도 없다는 것도 알는지 모르겠다. 정말 꾸준히 복용해야 한다. 드라마틱한 효과도 없이 자신도 모르는 사이에 도움을 줄 터인데 그럴수록 너무 가격을 낮추어 구입하지 말고 좋은 비타민제를 찾아보자.

비타민C　　　자주 올라오는 뾰루지를 짠 뒤의 색소침착이 두렵다면 더더욱 옅어지는 효과를 볼 수 있다. 노화 예방에 앞서 피부조직을 탄력 있게 유지하기 위해 챙기자. 노화 크림 대신에 비타민C를 열심히 챙겨 먹는다. 이건 정말 하루 이틀 먹어서 될 일이 아니다.

아무 생각 없이, 기대 없이, 습관적으로 먹다 보면 어느 날 문득 밝아진 안색에 놀라 더 열심히 챙기게 된다. 필수지방산과 비타민은 체내에서 저절로 생성되지 않아 외부에서 식품의 형태로 섭취해야 한다. 어려운 말 다 필요 없다. 노화 예방에 좋은 항산화제를 바르는 데만 열중하지 말고 직접 먹도록!

현대인은 미네랄 부족이다! 비타민 섭취 시에는 미네랄도 충분히 섭취해주어야 비타민의 효과를 제대로 볼 수 있다. 기본적으로 미네랄과 비타민이 들어 있는 종합비타민을 먹고 비타민C를 따로 먹었다. 필수지방산에 관련한 영양제도 먹었는데 챙겨 먹기가 너무 정신없어서 필수지방산은 영양제가 아닌 식품으로 섭취하는 편이다. 휴대 용기에 비타민과 미네랄, 감마리놀렌산, 초유 뭐, 요런 식으로 담아 다니면 잊지 않고 꾸준히 먹을 수 있다. 미네랄워터도 챙겨 마신다. 음료수 다 끊고 커피 잘 안 마시는 거에 비하면 전혀 비싸다는 생각이 안 든다.

아몬드　　　작은 통에 담아 갖고 다닌다. 입이 심심해 군것질 생각이 날 때마다 몇 개 집어 먹으면 땡이다. 불포화지방산이 피부에 윤기를 더한다는 소리를 듣고 먹기 시작한 지 꽤 되었다. 그런데 뭐든 적응하면 싫어지는 나쁜 버릇이 있어서 블루베리 등등으로 종종 간식을 바꾼다. 아몬드는 칼로리가 높은 편이어서 다이어트 중이라면 과용은 금물이다. 하루에 10~20알 정도만 먹는다.

물만 마셔도 예뻐진다니까

독소, 노폐물을 제거하기 위해 스파나 침 같은 것에만 눈독 들이지 마라. 물만 잘 챙겨 마셔도 효과적이다. 몸속은 물론 피부까지 원활히 돌아가게 하려면 물을 마시는 습관이 정말 중요하다.

나는 정말 순수하게 온몸 피부를 위해 물을 마신다. 식후에도 물을 잘 안 마시고, 정말 목이 말라도 반 컵 정도만 마신다. 탄산도 거의 끊은 거나 마찬가지지만 그래도 물이 잘 당기지 않는다. 요즘엔 하루 1.5~2ℓ를 마시는데 도저히 챙겨 마시기가 힘들다. 그래서 스티커처럼 만들어 집 안 곳곳에 붙여두었다.

"예뻐지고 싶어? 물 마셔!"

그랬더니 어렵지 않게 하루 8잔을 마시게 되더라. 그래도 바로 옆에 있지 않은 이상 바쁘게 무언가를 하다가 물을 마시러 가는 게 귀찮아질 때가 있다. 스티커를 봐도 엉덩이를 떼기 싫다. 그럴 때는 항상 생각한다. '물 마시러 가는 움직임도 내 옆구리에 살이 붙지 않도록 도와준다.' 그러면 정말 가뿐한 마음으로 물을 찾게 된다. 한때는 물이 너무 싫어서 오이를 먹었다. 오이는 어릴 때부터 텔레비전 보면서 한자리에서 10개씩 깎아 먹었을 정도로 굉장히 좋아하는 채소다. 유기농 생오이는 정말 최고 맛있다.

사람이 하루에 소모하는 수분의 양은 평균 2.4ℓ에 달한다고 한다. 그래서 하루에 2.4ℓ 정도 수분을 섭취해 주는 것이 좋다. 하루에 음식으로 섭취하게 되는 수분의 양이 1~1.2ℓ 정도라고 하니 식사 이외에도 1.5ℓ 정도의 수분을 보충해 줘야 한다.

수분 섭취를 많이 하겠다고 음료수를 입에 달고 사는 사람들이 있는데 이는 큰 도움이 되지 않는다. 커피, 녹차, 전통차, 우유, 요구르트, 탄산음료, 기능성 음료 등을 마시면서 '물'을 마시고 있다고 생각하지만 잘못된 생각이다. 녹차나 커피는 이뇨 작용이 강해 상당량의 수분을 배설시키므로 물을 마시는 것이 아니라 오히려 배출하게 된다. 국물을 마시면서 수분을 섭취한다는 주장도 있지만 국물에는 소금이 많이 들어 있고 아미노산 등 녹아 있는 영양성분이 많아 수분 섭취에는 효과가 없다.

밥은 좋고 빵은 나쁘다?

고칼로리, 고지방 음식이 여드름을 유발한다는 연구 결과는 없다. 다만 병원에서 조심하라고 할 뿐이다. 그러나 혈당지수가 높은 탄수화물의 과다 섭취는 피부 스스로의 여드름 치유 능력을 저하시킨다는 보고가 있다. 혈당지수가 높은 음식은 신체 호르몬에 영향을 주어 피부에까지 영향을 끼친다는 것이다.

트러블의 원인이 제각기 다르듯이 저혈당 지수의 식이요법을 한다고 해서 모두 트러블이 완치되는 것은 아니다. 그러나 분명 2~3개월 만에 놀라울 정도로 좋아지는 사람들이 있다. 저혈당 지수 식이요법은 다이어트와 건강에도 좋으니 밑져야 본전이라는 심정으로 한번 미친 척 시도해 보는 것도 좋겠다.

땀을 많이 흘리는 여름에는 무기질을 충분히 섭취해야 피부가 거칠어지는 것을 막을 수 있다. 수분팩만 신경 쓸 게 아니라 비타민C가 풍부한 과일과 채소를 먹고 아이스커피보다는 물이나 생과일주스를 충분히 마신다.

우리의 피부는 세포 스스로 정상적인 신진대사를 거쳐 수분까지 어느 정도 조절하게 되어 있다. 하지만 잘못된 식습관과 흡연이나 커피 등의 기호식품, 자외선이나 먼지 등 외부 자극이 피부 대사를 방해한다. 게다가 잘못된 화장품 사용이 피부를 더욱 건조하게 만들기도 한다.

잘못된 식습관으로 인한 당장의 괴로움이 없다면 일단 감사해라. 그렇다고 영원히 무사하리라는 생각은 하지 않는 것이 좋다. 확연히 드러나는 피부질환이 아니라 하더라도 노화를 앞당기는 건 물론 성인병 환자로 가는 지름길이다.

여드름, 건선, 아토피……. 마치 어느 날 갑자기 피부 표면에 병균들이 달라붙어 생긴 듯 화장품을 통해 그것만 없애면 나을 것처럼 호들갑을 떤다. 하지만 1년을 지나 3년, 5년 이상 지속되면 결국에는 생활습관, 식습관에서 답을 찾게 된다.

밥은 좋고 빵은 나쁘다는 이야기를 하려는 것이 아니다. 뭔지도 모르는 첨가물의 결정체나 다름없는 가공식품, 인공 조미료 등 병을 일으키는 원인이 모든 사람에게 똑같이 적용되지 않듯 그 모든 걸 섭취해도 멀쩡한 사람이 있다. 그러나 분명히 별거 아닌 듯 널린 식품을 섭취함으로 인해 난치성 피부질환으로 고통받는 사람들도 많다. 거꾸로 수백만 원이 넘는 피부과 시술로도 차도가 없다가 식습관을 100% 바꾸고 나서 서서히 상태가 호전된 사람도 있다.

내가 식습관, 생활습관에 대해 어디서나 목 놓아 부르짖는 것도 10년이 넘도록 고생한 경험이 있기 때문이다. 피부 트러블은 조금만 방심하면 달라질 만큼 지속적이었기 때문에 근본적인 변화가 바탕이 되지 않고서는 절대 장기전에서 승리할 수 없다.

음식은 자신의 선택이고 누구든 자유롭게 먹을 권리가 있다. 그래서 늘 습관적으로 먹어왔고 말리는 사람 또한 없었다. 이따금 부모님의 우려하는 목소리가 있을 뿐이다.

결국 수년의 시행착오를 거쳐 그 선택을 바꾸게끔 한 것도 나 스스로다. 습관처럼 마시던 콜라와 탄산음료 대신에 오렌지 주스, 토마토 주스를 먹고, 그마저도 가공 주스는 의심스럽다 하여 직접 갈아 마시거나 생수로 대체했다. 주스가 너무 당기는 날에도 직접 만든 주스가 아니면 절대 한 컵 이상을 마셔본 적이 없다. 작은 습관의 변화지만 스스로 너무나 기특하게 느껴졌다.

1. 아침 공복에 마신다.

(충분한 물 보충/장운동 활성화)

2. 하루 종일 틈틈이 자주 마신다.

(한꺼번에 마시면 배 속이 거북해진다)

3. 식전 1~2시간 정도에 마신다.

(역류성 식도염을 비롯한 위장관 질환 악화를 예방)

4. 하루 8~10잔 내외의 물을 꼭 마신다.

(과도한 물 섭취는 혈액 속의 나트륨을 희석, 신체기능을 방해)

꿀물의 추천 아이템

❋ DHC 비타민C 캅셀 – 1일 3정, 90일 3천 원대
잃기 쉬운 비타민C를 1일 1,000mg 보충할 수 있는
영양 기능 식품이다.

커피는 마시지 않는 편이다. 중요한 미팅으로 인해 커피를 마실 수밖에 없는 상황이라면 마신다. 그 외에는 보통 생과일주스나 차를 마시는 편이다. 밖에서 식사할 일이 생기면 먼저 한식을 제안한다. 그래서 자주 가는 동네의 맛있는 한식집을 알아놓는다. 물론 외식보다는 집밥을 선호한다. 피부로 고생하는 친구들이라도 우리 집에서 엄마아빠가 해주는 밥을 먹으면서 한 달을 살면 다이어트는 물론 피부까지 좋아질 것이다.

양 못지않게 질도 중요하다

단백질, 비타민 및 무기질은 눈에 불을 켜고 찾아 먹되 주변에 널린 음식은 절대 우리를 돕지 않는다. 또한 인스턴트식품, 과자, 커피 등을 피하고 당분 섭취를 줄인다. 피부 면역력 향상에 도움이 되는 필수지방산도 무시할 수 없다.

시리얼은 절대 반대다. "영양소를 골고루"라는 말에 혹해 가볍게 섭취하기 쉬운데 오히려 혈당치만 높인다. 당분이 적은 탄수화물을 먹기 위해 칼로리바로 다이어트하는 사람들은 살을 빼서 날씬할지 몰라도 피부에 탄력이 없다.

다이어트를 생각하면 칼로리를 무시하기 힘들다. 하지만 '질'도 따진 칼로리 계산이어야 다이어트와 피부 두 마리 토끼를 모두 잡는다. 다이어트 때문에 탄수화물을 무조건 절제해도 피부에 좋지 않다. 탄수화물을 먹되 잘 먹으면 된다. 탄수화물 섭취와 관련해서는 어떤 것이 좋은지 다들 잘 알고 있을 것이다. 우리 집은 잡곡밥만 20년 가까이 먹어왔다. 어릴 때는 지금과 같은 밥은 아니었고 흰쌀에 그때그때 콩, 팥, 옥수수, 보리, 기장 등을 섞었다. 지겨울까 싶어 매일 다르게 해준 정도. 그러다 2002년부터인가 완전한 현미식으로 바꿨다. 시작은 나와 엄마의 건강 때문이었던 듯하다.

나는 밥을 절대 한 공기 다 먹지 않는다. 반 공기 혹은 2/3 정도만 먹고 야채를 입에 마구 쓸어 담는다. 처음에는 다이어트 때문이었고, 또 힘이 들었다. 그러나 지금은 정말 맛있게 먹고, 먹으면서 늘 되새긴다.

'이렇게 먹어야 내가 건강하다.'

이 되새김이 정말 중요하다. 늘 먹으면서 음식에 대해 다시 한 번 생각하고 그 습관이 어느덧 내 자유와 선택을 조종하게 되었다. 나쁜 거 보면, 괜한 군것질을 보면 그것이 어떤 것인지 굉장히 빨리 이성적으로 생각하게 되었다. 먹기 싫어지거나 아주 조금 입만 대다 만다. 정말 신기하다. 정신 놓고 주워 먹는 일이 완전히 사라졌다.

식사하는 속도를 늦춰서 '소식'이라는 어려운 산을 넘어섰다. 소식은 몸을 굉장히 편하고 가볍게 만든다. 단순히 적게 들어가서 가벼워지는 것이 아니라 많은 음식을 소화시키느라 몸이 고생하지 않아도 되니까 가볍고 머리 회전이 빨라진다. 그리고 활성산소의 양이 줄어드니 남들보다 천천히 늙으리라 확신해본다.

과자와 담배는 곧 노화요 주름이다. 내 친구는 담배를 끊었다. 언제

담배를 폈냐는 듯 맑고 촉촉한 얼굴로 멋진 남자 친구를 만나 새로운 삶을 살고 있다.

나는 과자를 거의 끊었다. 완전히 끊었다고는 말 못 하겠다. 술은 끊었는데 과자가 안 되는 이유는 단순히 '맛' 때문은 아닌 모양이다. 그렇게 따지면 담배가 맛있어서 피우나? 그래도 끊는 사람은 끊는다. 아직도 나는 과자를 떠올리면 '음식=맛=기분 좋아짐=나쁘지만 그래도 한 봉지쯤이야' 하는 생각이 든다. 그래서 먹게 된다. 사실 한 봉지로 직접적인 반응이 오는 건 아니니까 더욱 그렇다.

요즘은 과자는 '독'이라는 다소 추상적인 연결을 버리고 '과자=주름=잔주름=탄력 저하=눈가 처짐' 요런 식으로 생각한다. 그러다 보니 한 자리에서 에이스를 3~5통씩 먹어치우던 내가 이제 봉지 과자 하나 다 비우기도 힘들어졌다. 도넛이 눈앞에 있어도 '집에 가서 밥 먹어야지' 하는 생각이 먼저 든다. 절대 억지로 참는 단계가 아니라 그냥 마음이 편해졌다.

피부를 위한다면 먼저 챙겨야 할 게 있다

안티에이징 제품이 얼마나 효과적인지에 대한 확실한 연구 결과는 없어도 과자가 몸에 얼마나 나쁜지, 습관처럼 먹은 과자가 몸에 쌓여 어떤 짓을 저지르는지에 대한 연구 결과는 많다.

불포화지방산 섭취　　　다이어트에도 좋고 피부에도 좋다고 하면 혼자 살아서 생선까지 구워 먹기는 힘들다고 말한다. 정말 말도 안 되는 소리다. 썰어서 보관해두었다 나중에 꺼내서 굽기만 하면 땡이다. 혼자 밥 차려 먹는 거 정말 싫어하는 나도 다 챙겨 먹었다. 소화도 잘되고 담백하게 먹을 수 있는데다 단백질, 비타민, 미네랄까지 섭취 가능하다.

항산화 기능이 있는 올리브유　　　노화 방지 화장품은 안 발라도 올리브유는 매일 먹는다. 요리로 안 먹으면 하루 한두 숟가락 떠먹는다. 지중해 여성들은 컵으로 마신다는데 도저히 그렇게는 못 하겠다. 다이어트한답시고 기름을 무조건 다 피했다가는 생기 있는 피부를 기대하기 힘들다. 다이어트 중에도 올리브유를 살짝 넣어 생선을 굽고 올리브유를 이용해 샐러드 드레싱을 만든다.

불포화지방산은 세포조직을 튼튼하게 하고 노화 예방에도 효과적이다. 노화 방지 화장품에 목숨 걸기보다 연어 같은 생선을 많이 먹어 오메가 지방산의 섭취를 늘려라. 흔히 영양제로 먹는 감마리놀렌산, 오메가-3도 간편하게 필수지방산을 섭취하는 방법이다. 그러나 생선류만 잘 챙겨 먹어도 효과가 있다. 식이요법과 운동을 병행하면서 생선을 잘 챙겨 먹으면 다이어트로 인한 피부의 칙칙함이나 탄력 저하를 막을 수 있다.

이렇게 정신 차리고 챙겨 먹을 것이 많은데 대충 저질스럽게 먹으면서 바르는 것만 고급을 찾았다. 그 노력, 그 돈을 다 어쩔 거냐고.

세상에서 가장 이해 못할 사람이 주름 개선 제품, 안티에이징 제품을 목숨 걸고 바르면서 담배 피는 여자다. 흡연은 결국 탄력 없고 칙칙한 피부를 초래하고 잔주름이 생기는 속도에 박차를 가할 것이다. 피부를 위해 영양제를 챙기기 전에 담배부터 끊고, 피부과 시술을 받기 전에 담배부터 끊자.

또 인스턴트식품, 기름진 음식, 술, 담배 등은 끊거나 줄일 생각도 안 하면서 건강과 피부를 위해 독소를 배출한답시고 스파, 경락, 한의원을 찾는다. 덜 먹고 제대로 먹으면 독소는 훨씬 덜 쌓인다.

특히 과음한 날은 무조건 씻고 잔다. 다음 날은 물을 평소의 2배 정도 마시고. 만약 씻지 못한 채 잠자리에 들었다면 다음 날에라도 화장보다는 하루 종일 진정과 수분 공급에 집중하자. 뾰루지는 바로 소독!

사무실에서
하루 종일 사십니까?

26

아주 잠깐이지만 사무실 생활을 해본 적이 있다. 죽는 줄 알았다. 천성이 한곳에 가만히 앉아 있지 못하는 성격이다. 더 힘들었던 것은 점심 먹고 바로 시작되는 업무다. 실제로야 아니겠지만 마치 먹은 게 다 배로 갈 것만 같은 생각이 자꾸 드니까 거의 정신적 고문 수준이었다.

잡지를 뒤지다 보면 오래 앉아 있는 사람들을 위한 스트레칭 방법들이 많이 소개된다. 수도 없이 보았고 순서를 달달 외울 정도로 익숙한 것들이 많지만 3일 이상 지속해본 적이 없다.

오랜 사무실 생활로 이미 쪄버린 살은 별 수 없다. 식사를 줄이고 운동을 병행해서 빼는 수밖에. 그러나 살짝 알려주고 싶은 정보가 있다. 사무실 생활에도 더 이상의 축적을 피하는 작은 팁 하나! 너무 간단해서 민망하지만 섹시 스타들을 업어 키운 강남구 신사동 모 휘트니스의 Y 트레이너가 알려준 허접하지만 알찬 팁이다!

엉덩이가 가벼워야 살이 빠진다

비법은 축적에 도가 튼 내 몸에 소비 습관을 들이는 것이다. 회사에서나 학교에서나 집에서나 밥을 먹고 바로 앉아서 뭔가를 하는 사람들이 있다. 오랫동안 반복되면 몸은 먹어서 거두어들인 에너지를 축적하는 데 익숙해지고 그 에너지를 소비하는 데는 점점 둔해진다. 여기까지는 더 이상 설명이 필요 없겠지?

방법으로 바로 들어가자! 먹은 음식을 몸이 알아서 척척 소비해주면 얼마나 좋을까? 가능하다! 먹고 움직여서 그런 습관을 길러주면 된다.

식사를 마치고 회사 동료들을 버려둔 채 회사 건물을 500바퀴 돌겠다는 생각을 해보았는가? 대한민국 중학교 졸업 이상이면 누구나 알 것이다. 밥 먹고 바로 뛰면 탈난다. 옆구리 아프다. 안다. 식후 바로 운동을 하라는 것이 아니다. 그저 식후에 바로 움직이라는 말이다.

여기서 중요한 한 가지. 움직임의 정도를 적당히 조절해야 한다. 움직임이 절대 운동이 되면 안 된다. 누가 보아도 움직임이어야 하며, 일상적인 움직임일수록 더욱 좋다.

식사를 아무리 오래 했더라도, 점심시간이 아무리 짧더라도 식후에 단 10분의 여유도 없는 회사는 없다. 그 10분을 커피, 수다, 담배와 보내는 대신에 10분 내내 움직이는 것이다. 회사 근처를 어슬렁거려도 좋다. 빨리 걸을 필요 없다. 나가기 귀찮으면 일어서서 책상을 정리하거나 사내를 쉴 새 없이 돌아다녀라. 전혀 몸에 부담을 주지 않는 10분 동안의 작은 움직임이지만 식후에 바로바로 하는 버릇을 들이면 몸은 먹은 에너지를 소비하는 습관을 들인다.

집에서는 설거지를 하거나 침대보를 털거나 간단한 방 정리 정도도 아주 훌륭한 움직임이다. 10~20분 정도 움직인 다음에 앉아서 뭘 해도 해라. 밖에서 친구를 만나게 되면 쇼핑하고 밥 먹지 말고 밥 먹고 쇼핑하는 스케줄을 짠다.

적당량을 먹는 사람들은 적당한 몸이어야 정상이다. 그런데 주변을 돌아보면 적당히 먹는데 마른 사람들이 있다. 운동을 전혀 하지 않는데도, 심지어 운동을 미친 듯이 싫어하는데도 말랐다.

먹어도 살찌지 않는 사람들을 몇 명만 찍어 연구해보면 하나같이 운동은 하지 않지만 쉴 새 없이 움직인다는 걸 알게 된다. 타인이 느끼지 못할 만큼 작은 동작들이다. 눈여겨보면 정신이 혼미해진다. 책상 앞에 앉아서도 꼼지락꼼지락. 약간은 산만하다 싶을 정도로 자잘한 움직임들이 일반인에 비해 훨씬 많다. 산만하지 않고 점잖은 사람들이 소위 하는 말로 엉덩이가 가볍다. 쓰레기 하나를 버려도 쓰레기통에 던져 넣기보다는 직접 가서 버린다. 일찍부터 몸에 밴 습관을 다 따라가지는 못해도 조금 닮아보려는 노력이 필요하다.

이 작은 팁의 또 다른 장점. 그 귀찮은 설거지와 청소가 즐거워진다는 것이다. 몸은 가벼워지고 주변 환경은 점점 깨끗해진다.

주의할 점이 있다. 살찐 사람들이 그렇듯이 게으른 습관도 하루 이틀 만에 만들어진 게 아니다. 습관을 바꾸기 위해서는 적어도 3개월 이상 길들이기가 필요하다. 며칠 잘하다 말고 어느 순간 청소가 귀찮고 지겨워지거나 그냥 밥 먹고 가만히 앉아 쉬어야겠다는 생각이 들면 몸보다 생각을 먼저 바꿔야 한다.

'내가 지금 움직임으로써 살도 빠지고 집도 깨끗해진다! 모든 게 새로워진다. 즐겁게 생각해야지.'

Special page 3

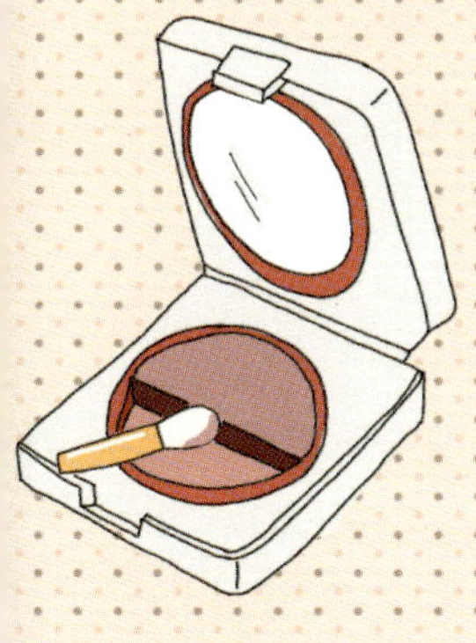

꿀물의 리얼 어드바이스

27. 좀 볶아본 언니의 빠마 어드바이스, 스타일링 노하우

1교시 모즈 (Mods) 웨이브

때는 바야흐로 2009년 1월 30일. 나는 작은 범죄를 저지르고 말았다. 처음이 언니가 쉬는 날이라는 걸 알아버린 나는 함께 머리하러 가자며 아침부터 조용히 불러냈다. 아무것도 모른 채 세수도 안 하고 머리도 안 감고 나온 언니는 결국 '매거진 파파 헤어 특집'의 모델이 되어 주었다. 아니, 되도록 했다!

스타일리스트로 일할 때 감독님들이 얼굴도 제대로 안 나오는 CF 단역 출연을 요청해도 뿌리친 언니였는데 나는 매번 사기를 쳐서 언니의 마스크를 범했다. 수법은 날로 치밀해져 결국 언니는 원치 않던 파마까지 하고 말았다. 언니가 한 머리는 '모즈 웨이브'이다. 모던하면서도 은근히 복고적인 매력을 풍기는 이 머리는 사실 내가 하고 싶었다! 그러나 길이도 짧고 층도 많은데다 앞머리까지 있었다. 그렇다고 모즈 웨이브를 할 수 없는 건 아니지만 모즈 웨이브는 무거운 단발 라인을 베이스로 했을 때 가장 예쁘다. 언제나 세팅만 고집했던 사람이라면 층이 많은 파마가 지겨울 즈음에 기분 전환을 위한 스타일로 딱이다!

무엇보다 손질이 쉽다는 것이 장점이다. 컬을 살려 드라이하면 로맨틱한 의상부터 시크한 정장까지 다 소화 가능하고, 자연스러운 볼륨이 느껴지는 포니테일을 연출하기에도 수월하다. 개인적으로는 게으름뱅이 언니들에게 추천하고 싶다(처음이 언니가 오해할라).

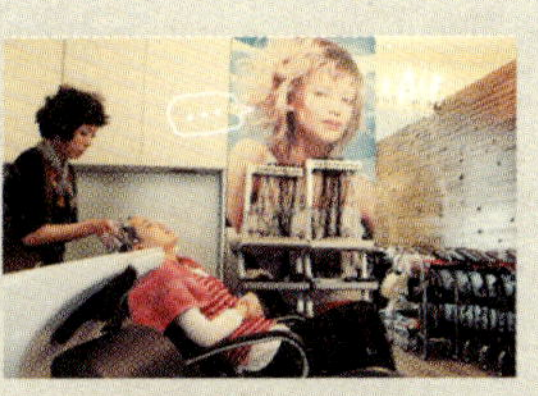

언니는 파마를 하면 사흘도 안 되어 다 풀어져버린다. 굵은 웨이브는 거의 불가능하고, 빠글빠글하게 열로 지져야 그날 하루 정도 버티는 머리카락을 타고났다. 눈으로 직접 보고도 믿기 어려울 정도로 기가 막히게 본래의 머리로 돌아온다. 그래서 미용실 가는 걸 좋아하는 나와 달리 언니는 미용실에서 하는 모든 것을 재미없어한다. 하필 내가 범행 장소로 정한 곳이 미용실이다.

앗, 중요한 건! 웬만하면 다 어울리지만 얼굴이 동글동글한 사람들은 피하시길! 더 똥그래 보인다.

소문난 원장님의 모즈 웨이브는 '완벽한 커트'에서 시작된다! 헤어스

타일 특집을 알리는 첫 번째 포스트에 올라온 질문 중 "굵은 파마를 원하는데 매번 실패한다"는 이야기가 있었다. "샴푸 후 특별한 드라이 없이도 자연스럽게 연출되는" 웨이브를 원하는 분도 계셨다. 굵게 떨어지는 파마, 손쉽고 자연스러운 웨이브. 모든 여자늘의 로망이다!

더 좋은 파마, 더 잘 먹는 파마가 해답일 것 같지만 아니다. 비결은 파마가 아니라 그런 머리가 나오게끔 완벽에 가까운 '커트'에 있다. 테크닉의 문제다. 모두 파마 잘하는 집을 찾아 헤매지만 파마의 승부는 커트에서 80% 이상 결정이 난다.

파마는 느낌이다! 파마는 원하는 컬의 느낌을 살려주는 도구일 뿐 커트가 잘되지 않으면 효과가 떨어진다. 전체적인 스타일도 살지 않는다. 그러니 잡지에 나오는 연예인의 사진을 오려서 '파마 잘하는' 미용실을 백날 찾아가 봐야 소용없다. 절대 연예인의 파마 그대로 나오지 않는다. 커트를 잘하는 집을 물색하든지, 그 연예인이 했던 미용실을 찾아가든지!

언니의 모즈 웨이브를 위해 커트에 들어갔는데 하찮은 눈으로 지켜보니 무거운 일자 형태의 긴 단발을 만드는 것 같았다. 대충 일자로 반듯하게 맞추면 30분도 안 되어 끝날 것 같은데 1시간이 다 되도록 커트만 했다. 기다리다 지쳐 뛰쳐나왔고 다시 들어가 보니 여전히 커트 중이었다. 눈동자를 날렵하게 굴려 찾아낸 것은!!

단지 머리끝만 무거운 일자를 만드는 것이 전부가 아니었다. 장인의 손놀림으로 머리카락을 한올 한올 삐져내고 도려내고 훑어내는 등 끊임없는 작업을 더한 후에야 커트 완성! 꿈에서나 만나보았던, 중간 가르마 일자 생머리!

청순하기도 하고요, 지적이기도 하고요, 아무한테나 어울릴 수 없는 머리이기도 하고요. 이때 마침 언니도 원장님의 마수에 걸려들었다. 파마하러 왔다가 커트에 반해 그냥 가고픈 충동을 느낀다더니! 언니의 눈빛이 쌔한 게 진짜 집에 가고 싶어 하는 것 같아 꼼짝 못 하도록 얼른 머리를 말아버렸다. 디지털 파마이다. 전국 방방곡곡 어디서나 만나볼 수 있는 디지털 파마!

머리를 새롭게 하고 온 친구들에게 "무슨 파마 했어?" 물어보면 4년 전만 해도 열의 아홉은 '세팅'이었다. 이제는 열이면 열 '디지털 파마'를 했다고 한다. 연예인 누구도 디지털 파마, 너도 디지털 파마, 나도 디지털 파마, 언니, 엄마, 이모 모두 디지털 파마를 했다. 그러나 다 다르다! 굵기도 다르고 지속력도 다르고.

나도 얼마 전에 디지털 파마를 했는데 이번에 언니가 한 것하고는 완. 전. 히. 다르다. 알고 보니 굵기도 다양하게 조절할 수 있지만 디자인도 스타일에 따라 다르게 연출한단다. 파마는 굵기만 조절하는 줄 알았지 머리를 마는 데 디자인이 있는 줄은 처음 알았다. 잠시 놀다가 다시 들어가 보니 파마가 벌써 끝났다. 정말이지 곧 풀려버릴 것만 같은 굵은 컬이 완성되어 있었다.

세 번째 사진과 같이 돌돌돌돌 말아가며 드라이하라는 스텝 분의 말씀!
설마 이 정도도 모르는 분은 안 계시겠지?

무겁고 축 늘어지지만 컬은 살아 있는 그런 머리가 나와주었구나! 구불
구불 굽슬굽슬! 옆에서 보았을 때도 무겁고 풍성하게 떨어지는 컬이 완성
되었다. 언니는 머리카락이 굉장히 가는데도 풍성하게 잘 나왔다.

지금 완전히 건조시킨 상태가 아니다. 반 이상 말리다가 사진과 같은
컬이 맘에 들거든 왁스를 발라 그대로 고정하고 스타일을 완성하면 된다.

손으로 컬을 조금씩 빗어주면서 머리를 바짝 말리니까 풍성하면서도
아주아주 굵은 웨이브가 되었다. 시간이 흘러 컬이 다 풀어지고 볼륨도
가라앉고 머리도 자라면 앞머리를 눈까지 잘라 '케이트 모스' 스타일로
변신할 수 있겠다.

처음에 디지털 파마를 한다니까 언니가 "얼마 전에도 디지털 파마를 했
는데 3일 만에 다 풀렸어요" 해서 원장님이 깜짝 놀랐다. 그래서 당연히
다른 파마로 하는 줄 알았는데 그냥 디지털 파마로 밀어붙이는 게 아닌가!

원하는 대로 컬이 잘 나왔다. 사흘이 지난 지금도 멀쩡한 컬에 언니도
놀랐다니 내일 찾아가서 눈으로 확인해야겠다. 굵게 말았다는데 머리에
다 무슨 수를 쓴 건지. 평소 언니가 다니던 숍도 둘째가라면 서러운 곳이
다. 왜 그동안 굵은 펌을 안 해줬는지 궁금할 뿐이다.

깊게 생각하면 머리만 아프고 중요한 것은 미용실을 찾는 우리의 자세
다. 이제까지 미용실에는 돈만 갖고 가면 된다고 생각했다고? 앞으
로는 준비해야 할 것이 있다.

자신의 머리 상태는 본인이 가장 잘 안다. 세계 최고의 헤어디자이너라도 20년 이상 함께 살아온 나보다 내 머리카락을 더 잘 알 수는 없다. 여러 가지 헤어 경험을 통해 알게 된 머리카락의 특징이 있다면 시술 전에 먼저 알려야 한다.

미용실 다녀와서 헤어스타일이 마음에 안 든다고 무조건 디자이너만 탓하는 친구들이 있다. 자신이 제대로 설명을 못 했다는 생각은 하지도 않고 디자이너가 못 알아듣는다고만 한다.

스스로 의사 표현이 서툴다고 생각하거나 그로 인해 헤어스타일을 망친 경험이 여러 번 있다면 사진을 준비해라. 온갖 잡지를 다 뒤져서라도 원하는 스타일을 찾아내라. 그게 쉬운 방법이다. 간혹 사진 들이미는 것을 창피하게 생각하는 사람들이 있는데 그게 진정 서로를 위하는 길이다.

그럼에도 사진대로 스타일이 나오지 않았다면! 왜 그럴 수밖에 없었는지 납득할 만한 이유를 대지 않는다면! 그때 제대로 이해하지 못한 디자이너를 탓해라. 그리고 과감하게 돌아서라.

특별한 날 최고의 디자이너에게 머리를 맡겼다고 해서 내가 변신하는 것은 아니다. 그날 하루만 예쁘고 말 것이라면 상관없다. 하지만 진짜 스타일 변신을 꾀한다면!! 나의 헤어 고민 혹은 궁금증들을 미리 생각해두거나 메모해서 꼭 물어보아야 한다.

누구는 1만 원짜리 커트를 하고 누구는 3만 원, 누구는 5만 원 또는 10만 원짜리 커트를 한다. 파마도 마찬가지다. 비싸게 주고 한 머리는 무조건 사치라고 생각한다면, 그게 그거라고 생각한다면 투자한 만큼 얻어내지 못한 스스로를 먼저 돌아봐라.

돈 많이 받는 디자이너들은 보통 머리를 잘한다. 머리에 대해서도 많이 안다. 그렇다면 내가 지불하는 금액에는 단순히 시술비만이 아니라 홈케어의 노하우 등에 대한 '정보이용료'도 있다는 점을 기억해야 한다.

대부분의 사람들이 정보는 이용하지 않은 채 시술만 받고 끝나니까 돈만 더 얹어주고 온 듯 찜찜해한다. 정보가 곧 돈이고 가치인 시대에 잘난 디자이너 만나서 귀한 돈 쓸 거라면 궁금했던 거 다 물어보자! 친절하게 가르쳐준다. 진정한 내 스타일을 찾고 헤어 고민을 해결하는 지름길이다.

2교시 셀프 스타일링 1 : 매직기 편

준비물 매직기, 꼬리빗, 헤어 왁스

누구나 하나쯤 가지고 있는 매직기를 이용해 색다른 스타일을 연출해보자. 보통은 웨이브를 펴거나, 웨이브를 만들거나, 장롱 속에 넣어두거나 하는 세 가지 정도로 매직기를 이용했을 것이다.

오늘은 우아하고 여성스러운 웨이브를 만들어보자. 아마도 갖고 있는 매직기의 발열판 사이즈가 25~30mm 정도 될 것이다. 좀더 넓어도 상관없지만 새로 구입할 예정인 사람은 이 사이즈를 참고해 선택하는 것이 좋겠다.

먼저 5~6cm 정도로 섹션을 뜬다. 그리고 열이 오른 매직기를 이용해 머리를 펼 때처럼 머리카락을 발열판 사이로 집어넣는다.

머리카락을 잡고 3cm 정도 아래로 당겼다가 매직기를 꺾어 웨이브를 준다. 웨이브를 넣기 위해 매직기를 꺾은 상태에서 3초간 멈춘다. 하나, 둘, 셋. 그리고 다시 3cm 정도 아래로 펴주고 다시 꺾어서 하나, 둘, 셋. 또 다시 아래로 3cm 펴준다.

사진을 자세히 보면 알겠지만 매직기를 꺾을 때 중요한 것은 3cm 당긴 다음에 위로 꺾고, 다시 3cm 당긴 다음에 아래로 꺾는 것이다. 위로 한 번, 아래로 한 번. 이것을 끝까지 반복하다가 마지막에는 매직기를 안으로 말면서 끝내야 머리끝이 뻗치지 않고 안쪽 방향으로 가지런히 정돈된다.

언니는 파마하기 전에 스타일링을 먼저 했다. 거의 컬이 없는 머리였지만 이 스타일링은 고열의 매직기를 이용하기 때문에 컬이 어설프게 남아 있는 머리도 가능하다. 층이 있어도 되지만 층이 없는 머리에 했을 때 더 예쁘다. 보통 파마를 했을 때 나오는 구불구불한 컬보다는 각이 살아 있는 웨이브가 포

인트이다. 좀더 사랑스러운 스타일을 원한다면 눈썹 옆선에 맞추어 조금 화려하고 큰 헤어핀을 꽂아도 예쁘겠다.

웨이브를 만들었다면 제대로 고정하는 것도 중요하다. 유명한 미용실이라면 어디서든 '베드 헤드' 헤어 왁스를 구입할 수 있다. 요즘은 인터넷으로도 구매가 가능하다.

파랗고 동그란 통에 든 '하드 투 겟'이라는 왁스는 긴 머리보다 쇼트미디엄 스타일에 적합한 제품으로 하드 타입이다. 미디엄 웨이브의 경우 손바닥에 묻혀 머리를 감싸 쥐듯 만져 고정하고, 짧은 머리는 모발에 왁스를 묻혀 스타일링한 다음에 손가락 끝으로 비벼가며 질감을 표현하면 된다.

핑크색의 길쭉한 통에 담긴 것은 '애프터 파티'라는 제품이다. 중간 이상의 길이에 늘어진 웨이브를 갖고 있다면 적합한 제품! 컬을 잡아주어 웨이브가 가라앉지 않도록 하며 모발을 정돈해준다. 사진으로만 보아도 '하드 투 겟'하고는 텍스처에 차이가 있다. 부드러운 크림 타입이라 모발에 바르는 도중에도 부스스해지지 않는다. 앞머리를 일자로 잘랐는데 자꾸 흐트러져서 고민이라면 가지런히 드라이하고 이 제품을 살짝 발라 고정하면 효과가 있다.

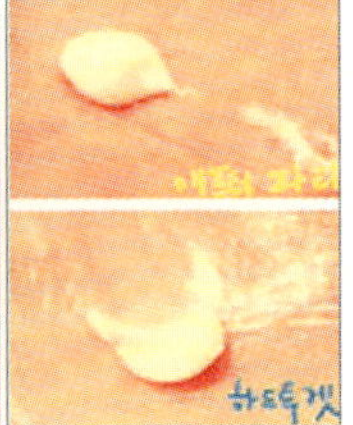

3교시 셀프 스타일링 2 : 라운드 고데기 편

고데기, 고무 밴드, 꼬리빗, 헤어핀 셋,
실핀(중핀 혹은 대핀), U핀, 헤어스프레이

잠자던 라운드 고데기를 꺼내 스타일링을 해보자!

대부분 사진 같은 모양의 고데기를 가지고 있을 것이다. 집에 있는 고데기를 쓰면 되지만 새로 구입할 계획이면 가슴 밑으로 내려오는 긴 머리가 아닌 한 지름이 28mm(28파이로 표기) 이내인 제품을 구입하는 것이 좋다. 나는 지름이 28mm, 32mm인 제품을 가지고 있는데 이번에 사용한 제품은 19~22mm 정도로 보인다. 28mm짜리보다 컬이 가늘게 나온다.

아래 사진에 있는 볼륨매직기도 요즘 많이 쓰는 제품이다. 발열판의 폭이 좁고 라운드 형태로 되어 있어 가는 웨이브를 넣기에 좋다. 둘 다 이용 가능하다.

이번에 만들어볼 머리는 업스타일이다.

흔히 올림머리, 똥머리, 번헤어 등으로 불리는데 변형된 스타일이 워낙 다양하고 차이가 있으니 이름은 규정하지 않겠다. 오늘 배워볼 스타일은 연예인들이 실제로 하고 다니는 엣지 있는 헤어스타일이면서도 일반인들이 스스로 하기 쉬운 것이다. 우리는 쉬워야 써먹는 여자들이니까.

예쁜 포니테일, 자연스러운 똥머리를 위해 가장 중요한 것이 무엇이냐

고 묻는다면 바로 컬! 고데기로 일일이 컬을 만들어주든지 귀찮으면 파마라도 해서 컬을 만들든지. 컬이 있어야 모양의 완성도를 높일 수 있다. 컬이 없어 머리끝이 쫙쫙 뻗어버리면 본드밖에 답이 없다. 그마저도 모양은 포기해야 한다. 그러니까 컬을 만들자!

3cm 정도로 섹션을 떠서 고데기에 감는다. 여기서는 사진으로 보여주기 위해 편의상 머리 겉부터 감았지만, 집에서 할 때는 헤어핀셋을 이용해 위쪽은 감아서 고정해두고 안쪽부터 컬을 만든다. 매직기를 이용한 스타일링도 마찬가지다.

파마머리가 아니라서 꼭 컬을 만들어야 하는데 전체적으로 컬을 넣을 시간이 부족하다면 머리를 틀어 올렸을 때 겉으로 보이는 부분이라도 최대한 모두 컬을 넣어주는 것이 좋다. 볼륨매직기를 이용해서도 컬을 만들 수 있다.

전체적으로 컬이 완성되었을 때 스프레이 타입의 왁스를 살짝 뿌려 컬을 잡아주면 좋다. 스프레이 왁스는 나도 숍에서 처음 보았는데 칙 뿌리면 되니까 손에 안 묻혀도 되고 너무 좋다.

1. 전체 머리를 3등분한다. 머리 꼭대기에서 귀 뒤로 이어지게 양쪽을 나누면 뒤통수 부분이 중간에 남는다.

2. 연예인들은 정수리 부분에 빽콤(머리를 역방향으로 빗어 머리카락이 뭉쳐 볼륨이 생기게 하는 것)을 넣어 모양을 잡아준다는데 우리는 번거로우니까 생략해도 무방하다.

3. 3등분한 것 중에서 가운데 머리를 잡아 올려 머리 묶을 위치를 정한다.

4. 중요한 것은 뒤통수 부분을 너무 꽉 당겨 묶지 않는 것이다. 먼저 만들어놓은 컬에 의해 적당히 볼륨이 살도록 묶어준다.

머리를 묶는 방법은 쉽다. 평소 고무줄을 이용해 묶던 대로 하면 된다. 단, 고무줄을 여러 번 감아 머리를 묶고 마지막으로 머리를 고무줄 밖으로 뺄 때 끝까지 다 빼지 말고 걸쳐둔다. 급한 대로 머리를 틀어 올려 묶을 때처럼 하면 된다. 여기서 머리를 다 빼버리면 포니테일 된다.

머리를 다 빼지 않아 고무줄 사이에 끼어 있으니 머리카락 끝이 삐죽 튀어나왔을 거다. 그것을 돌려 실핀으로 머리에 고정한다. 이때 제일 작은 사이즈의 실핀보다는 힘이 있는 중자 혹은 대자 실핀을 이용해 고정하자. 그런 다음에 틀어 올린 머리 모양을 예쁘게 만져준다. 실핀을 이용해 고

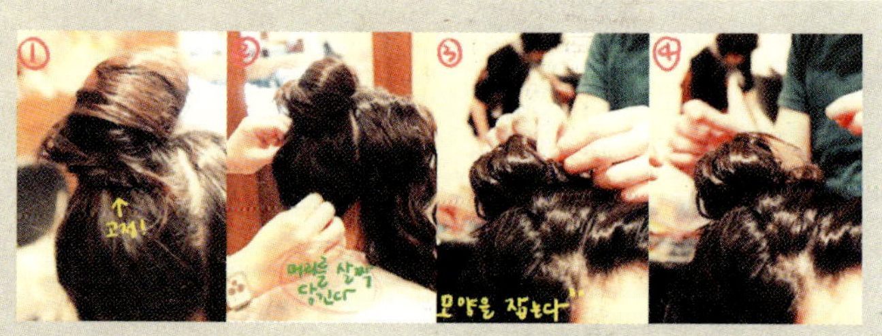

1. 사진을 자세히 보면 머리가 틀어 올려져 있고 튀어나온 머리는 대충 돌려 감아 핀으로 고정해놓았다.
2. 뒤통수 부분을 살짝 집아당겨 자연스러운 볼륨을 만들어준다.
3. 틀어 올린 부분의 모양을 만들 차례다. 매끈하게 감겨 있는 머리를 부분부분 잡아당겨 U핀과 실핀을 이용해 머리에 고정한다.
4. 사진과 같이 둥그스름하게 모양을 잡아주면 된다. 역시 실핀이든 U핀이든 머리 속으로 쑤셔 넣듯 꽂아준다.

정할 때 핀을 가로로 꽂지 말고 머리 속으로 쑤셔 넣듯이 꽂아 실핀의 끝 부분만 보이도록 마무리한다.

잠깐! 눈썰미 있는 사람들은 좀더 쉬운 응용법을 눈치챘을 것이다. 여기까지라도 마스터할 수 있다면 평소 묶던 머리로도 더 쉽게, 더 간편하게, 더 예쁘게 틀어 올릴 수 있다.

머리 전체에 컬을 만든다. 그런 다음에 앞에서처럼 머리를 3등분하지 말고 전체를 틀어 올려 묶는다. 마찬가지로 고무줄을 이용해 감은 다음에 마지막은 끝까지 빼지 말고 돌려 감아 실핀으로 고정하면 된다.

이마와 머리 옆, 뒤통수 부분을 자연스럽게 빼내어 볼륨을 준

다. 그리고 둥근 모양이 예쁘게 잡히도록 만져가며 U핀을 꽂
아 고정한다. 끝!!

이제 가운데 머리는 끝났고 양쪽에 남은 머리만 해결하면 된다.

먼저 왼쪽에 있는 머리를 가로로 위아래 이등분을 한다. 그다음 위쪽에
있는 머리를 뒤쪽으로 가져가 밑에서 위로 감아올리는데 너무 꽉 잡아당
기지 않아야 먼저 만들어놓은 컬이 이마 쪽 볼륨을 적당히 살려준다. 뒤
로 가져간 머리는 한 바퀴 감아 실핀으로 고정한다. 틀어 올린 부분에만
고정하면 과한 움직임에 풀어질 수 있으므로 머리에 고정한다. 역시 핀을
쑤셔 넣어 보이지 않게 한다.

잠시 틀어 올린 머리모양을 살펴보자. 원하는 대로 머리카락을 조금씩
잡아당겨 핀으로 고정하면 만들 수 있다. 실핀은 끝이 모였고 U핀은 끝이
U자 모양으로 벌어져 있기 때문에 머리에 고정할 때 실핀이 더 쉽고 힘이
잘 실린다. 풍성하게 말아 올린 머리 속에 고정할 때는 U핀을 쑤셔 넣어
주면 풀리지 않고 잘 보이지도 않는다.

여기까지 완성되었으면 이등분했던 것 중 아래쪽 머리를 똑같이 뒤로
감아 핀을 이용해 고정한다. 이때 자연스럽게 늘어지도록 해서 귀 중간
부분까지 덮어주는 것이 중요하다. 물결 모양의 옆머리를 완성하기 위해
서라도 반드시 컬이 있어야 한다.

반대쪽 머리도 동일한 방법으로 뒤쪽으로 가져가 돌려 감고 실핀이나
U핀을 이용해 고정한다. 핀이 보이지 않게 머리 속으로 밀어 넣는다.

이등분한 아래쪽 머리를 가져가 고정하면 완성! 다만 아래쪽 머리는 위

로 돌려 감지 않고 뒤통수에다 그대로 U핀을 꽂아 넣어 고정했다. 머리가 많이 길면 돌려서 감아주어야 한다.

앞머리 쪽을 당겨 볼륨을 잡아주고 머리 전체에 스프레이를 살짝 뿌려 스타일을 고정한다. 또 손끝으로 머리카락을 비벼가며 약간 부스스한 질감을 살리고 전체적인 볼륨을 위해 꼬리빗을 머리 속에 집어넣어 꺼진 부분은 들어 올려준다.

이제 진짜 완성되었다.

이번 스타일링에서 중요한 것은 고정, 또 고정! 뒤쪽은 잘 안 보이는 부분이기 때문에 손끝으로 느껴가며 고정해야 한다. 이 부분은 생각보다 쉽다. 또 놓치지 말아야 할 것은 볼륨. 전체적으로 자연스러운 볼륨을 잡아주어야 스타일이 살아난다.

마지막으로 하얀 천이나 하얀 종이가 있다면 거울 앞에 서

서 머리 뒤에 갖다 대보자. 그냥 보았을 때는 몰랐던, 양쪽의
비대칭이라든지 손을 더 봐야 할 부분들이 눈에 들어온다. 머리 검
사까지 끝!

아래 사진 중 처음이 언니의 머리를 묶었던 고무줄을 고르시오.

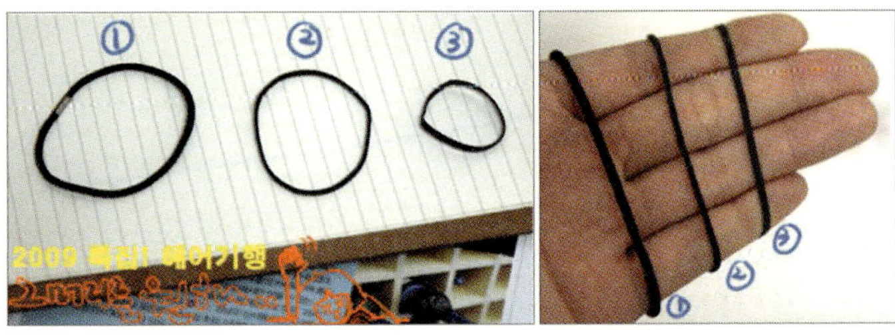

해답 풀이:

①번은 우리가 흔히 구할 수 있는 고무줄이다.

더 굵은 고무줄을 쓰는 사람들도 있지만 고무줄이 너무 튀는 것을 싫어하는데다 머리숱이 적은 나는 이것만 사용한다. 탄력이 좋고 무엇보다 부드러워서 머리카락이 엉겨 붙지 않는다.

②번이 바로 언니의 머리를 묶었던 고무줄이다.

미용실에서 머리를 할 때마다 저런 것을 이용하기에 원래 저런 검정 고무줄이 있는 줄 알았다. 요즘은 저런 것이 나오기도 한다는데 실제로는 문구점에서 파는 초저가의 노란 고무줄을 헤나에 푹 담가 대량으로 염색한 것이란다. 헤나와 물을 일대일로 섞어 중간중간 상태를 확인해가며 오래 담가두면 광택 없는 검정 고무줄이 탄생한다.

노란 고무줄로 머리를 묶어본 사람은 알겠지만 장점이자 단점이라면 머리카락과의 마찰력이다. 묶다 보면 머리카락이 잘 붙어서 엉키거나

빠질 수도 있다. 그러나 그 마찰력 덕분에 많이 움직여도 머리가 쉽게 풀리지 않는다.

③번은 팬시점에서 구할 수 있는 머리끈이다.

검정색을 포함해 여러 가지 색상이 든 것이 있는가 하면 검정 고무줄로만 구성된 것도 있다. 마찬가지로 탄력이 좋으나 ②번에 비해서는 조금 떨어진다. 머리숱이 엄청 많은 사람들이 쓰기에는 무리가 있다. 네 번 감기에 모자라고 세 번 감기에는 남는 짜증나는 경우도 가끔 발생하고. 머리카락과의 마찰력은 ②번과 비슷한데 '유광'이라는 단점이 있다.

4교시 **질문과 답변!**

헤어에 관련된 많은 사람들의 질문과 답변을 공개합니다.

Q: 자연스럽게 흘러내리면서 예쁜 포니테일을 하려면 어떻게 하나요?

A: 원래 곱슬머리가 아니라면 파마를 하거나 웨이브를 따로 넣어주어야 합니다. 묶어 올릴 테니 웨이브는 별다른 형식 없이 그냥 넣으면 되고요. 머리가 붙을 정도의 점성을 가진 왁스를 손에 살짝 바르고 대충 잡히는 대로 머리카락을 잡아 고무줄을 이용해 묶으면 되겠습니다.

묶은 머리에서 조금만 잡아 묶어놓은 고무줄 위로 돌려 가리고 돌린 머리의 끝은 핀으로 고정합니다. 핀은 보이지 않게 머리 속으로 고정합니다.

Q: 크고 동그란 얼굴을 작아 보이게 하는 헤어스타일이 있나요?

A: 가급적 웨이브는 피하고, 하더라도 '아주 굵은' 웨이브가 좋습니다. 처음이 언니 정도의 파마나 요즘 유행하는 물결 웨이브 정도면 괜찮습니다.

커트할 때는 머리끝이 무거워 보이지 않게 층을 많이 주어야 농그란 느낌이 분산됩니다. 턱선에서 떨어지는 단발머리는 절대 금물! 얼굴이 더 크고 동그래 보일 수 있습니다.

피부톤에 따라 달라지겠지만 머리에 컬러를 줄 때는 초콜릿브라운 정도로 염색하면 동그랗기보다 오히려 세련되어 보입니다.

Q: 볼살이 없고 긴 얼굴형에 어울리는 헤어스타일을 추천해주세요.

A: 긴 얼굴에는 단발머리가 잘 어울려요. 너무 긴 단발보다 턱선이나 입술쯤에서 떨어지는 단발 말입니다. 뱅 앞머리도 잘 어울리고 층은 최대한 적게 내는 것이 좋은데, 순간 상상해보니 엄정화 씨가 「디스코」 때 했던 단발머리가 아닌가요?

쇼트커트도 가능하답니다. 단, 두상에 비해 너무 짧으면 안 되고 조금 긴 듯한 커트가 잘 어울립니다. 또 양쪽에 볼륨을 주는 커트를 하면 긴 얼굴이 커버된다는데 정확히 어떤 것인지는 사진으로 보지 않는 이상 저는 잘 모르겠어요. 동네 미용실에 가서 "양 사이드에 볼륨을 넣어 조금 긴 듯하게 커트해주세요"라고 하면 어떻게 해줄지 궁금하네요.

무엇보다 잘 어울리는 건 긴웨이브로, 층을 넣어 글래머러스해 보이게 하면 좋답니다.

Q: 광대뼈가 63빌딩인데 어울리는 헤어스타일과 앞머리가
있을까요?

A: 튀어나온 광대뼈 위로 라인이 생기면 '아웃'이라고 합니다. 광대뼈
아래로 덮어주거나 아예 머리를 뒤로 다 넘겨 드러내는 편이 좋습니다.
그 라인에 앞머리나 옆머리 커팅선이 걸쳐지면 광대뼈다 더욱 두드러지
니 주의하세요.

긴 웨이브를 할 때는 웨이브 스타일 자체에 크게 구애받지 않지만 얼굴
옆쪽으로 볼륨을 살려야 시선이 분산됩니다.

앞머리를 만들고자 한다면 눈썹 위에 살짝 걸치는 길이가 적당하고요.
앞머리 끝을 약간 가볍게 만들어 뱅이 도드라지지 않도록 하는 것이 좋습
니다. 일자로 무겁게 떨어지는 앞머리는 하지 말라는 이야기입니다.

혹은 앞머리를 만들어 옆으로 넘기면 좋아요. 생머리로는 곤란하고 앞
머리에 웨이브를 이용한 볼륨을 주어 광대뼈를 분산시키면 단점을 보완
할 수 있습니다. 이때 옆으로 보내버린 앞머리의 끝이 광대뼈에 걸쳐지는
게 아니라 덮어주어야 하겠죠!

Q: 숱이 많고 머리가 큰 편인데 커트를 어떻게 할까요?

A: 일단 짧은 커트는 피하는 편이 좋아요. 턱선 밑으로 내려오는 중간 길
이의 커트에 불규칙한 라인을 주면 도시적이면서도 세련되게 보여 단점
을 보완할 수 있습니다. 부분부분 숱을 쳐내서 밸런스를 맞추는 것도 중
요하니까 잊지 마세요.

Q: 이마는 넓고 앞머리 숱은 없는 머리가 고민이에요.

A: 앞머리 쪽에 머리카락이 없기 때문에 숱을 뒤에서 더 끌어와야 합니다. 전체적으로 파마를 가미하는 것이 좋고 가르마는 절대 타면 안 됩니다. 이나영 씨의 짧은 커트도 좋다고 해서 검색해보니 정수리부터 머리카락을 끌어와 앞머리를 만들어주었네요.

아, 너무 무난한 커트보다는 층을 가미해야 단점이 보완됩니다.

Q: 통통한 볼살이 고민이에요.

A: 예전에 최진실 씨나 강성연 씨가 했던 커트가(최진실 커트, 강성연 커트를 검색하면 나오는데 비슷해요) 볼살을 커버해줍니다.

Q: 긴 머리를 질끈 묶는 지겨운 스타일을 탈피하고 싶어요.

A: 긴 머리도 다양한 변신이 가능하답니다. 스타일링은 둘째 치고 파마만 보죠. 디자인 파마를 한다고 했을 때 롯드를 변형해 전체적으로 불규칙한 컬을 주면 또 다른 스타일을 연출할 수 있습니다. 늘 같은 크기의 규칙적인 웨이브 파마만 했다면 새로운 시도가 될 수 있겠지요. 저도 잘 몰랐는데 같은 이름을 가진 파마에도 굉장히 많은 디자인과 컬을 만드는 방식이 있네요. 이렇게 완성된 웨이브로 다양한 업스타일 연출도 한번 시도해보세요.

Q: 장기간의 린스 사용이 오히려 머릿결을 상하게 하지 않을까요?

A: 전혀 그렇지 않다고 합니다. 린스는 보통 약산성 혹은 산성이기 때문에 알칼리성인 샴푸(천연/산성 샴푸 제외)를 중화하기 위

해서라도 꼭 필요하다네요.

두피 쪽을 피해 머리카락에만 마사지한 뒤 헹궈내세요. 가급적이면 사용하는 것이 좋고, 혹시 장기간 사용으로 머릿결이 손상된다고 하더라도 그만큼 장기간 머리카락을 계속 기르는 사람은 없겠죠? 단, 샴푸든 린스든 아주 깨끗이 헹궈내야 하는 점을 기억하세요.

Q: 매직을 하면서 머리카락이 다 타버렸어요.

A: 탄 머리는 부분 커팅으로 해결하는 수밖에 없습니다. 무조건 관리를 한다고 타버린 머리카락이 살아나는 게 아니기 때문이죠. 일단 심한 부분은 자르고 다시 모양을 만들어가며 관리하세요. 중요한 건 커트도 테크닉이 있어야 모양을 제대로 살리면서 탄 부분만 교묘하게 잘라낼 수 있겠죠?

Q: 파마가 일주일도 안 되어서 풀어져요. 어떤 미용실에서는 영양 부족이 원인이라는데 영양을 주면 파마가 잘 나올까요?

A: 실제로 물을 배척하는 모발이 있다고 합니다. 그래서 파마도 잘 안 먹고요. 또 영양이 부족해서 안 먹을 수도 있는데 이때는 상태를 보고 케라틴을 보충해주면 어느 정도 효과를 볼 수 있습니다.

머리카락이 아주 가늘고 착 달라붙는 일명 참머리 소유자들도 대부분 파마가 잘 안 먹는다고 하죠. 이런 경우에는 오히려 모발을 손상시켜 파마가 먹도록 만들어요. 모발을 손상시키지만 겉으로는 전혀 티가 안 나고 좋아 보이게 만드는 테크닉이 필요하답니다.

가늘어서 파마가 잘 안 먹는 머리는 열파마가 그나마 괜찮아요. 다만

이런 분들은 머리끝이 상하기 쉽기 때문에 관리를 하면서 파마에 들어가야 합니다.

　머릿결이 완전히 상했는데 파마는 잘 먹는 경우도 있죠? 실제로 정말 잘 먹기는 하는데 부스스하다는 단점이 있습니다. 이 경우에는 파마를 받아들일 수 있는 머리카락이 될 때까지 관리를 해주는 편이 좋을 듯합니다.

Q: 붕 뜨는 곱슬머리 때문에 고민이에요.

A: 당연히 매직을 해야겠죠. 볼륨매직이 꼭 필요합니다. 곱슬곱슬한 게 싫은데도 매직을 하면 머리가 딱 달라붙기 때문에 꺼리는 분들도 있지만 옛날이야기죠? 요즘은 달라붙지 않게 매직을 할 수 있어요.

　매직뿐만 아니라 웨이브 머리도 하고 싶으실 텐데요. 우선은 볼륨매직으로 곱슬머리를 정돈하고 한 달 뒤에 웨이브 파마를 하면 보통 사람들처럼 연출할 수 있답니다. 디지털이나 세팅 같은 열파마가 곱슬머리를 잡아주는 효과가 있습니다.

Q: 잔 곱슬머리가 고민이에요. 매직을 해도 계속 자라는 머리카락 때문에 고데기를 생활화할 수밖에 없어요.

A: 머리카락은 계속 자라고 동시에 잔 곱슬머리도 계속 생기니 매직을 하는 수밖에 없습니다. 매직을 하다 태워먹거나 약하게 해서 금방 풀리는 건 테크닉 문제니까 뭐라고 드릴 말씀이 없고요.

　매직을 꾸준히 하면 금전적인 부담이야 있겠지만 이외에는 곱슬머리를 해결할 방법이 없는 게 사실입니다. 매일 직접 매직기

를 이용해 펴주는 번거로움을 감수하는 방법도 있겠죠. 요즘
은 매직으로 C컬도 만들 수 있고 많이 발전했기 때문에 힘들게 고
생할 필요 없을 것 같아요.

Q: 완전 직모에 오래가는 파마가 있을까요?

A: 디지털 파마나 세팅 같은 열파마를 꼭 해주셔야 합니다. 완전한 직모
인데도 파마가 먹고 웨이브가 예쁘게 나오는 것은 숍이나 디자이너들의
테크닉 차이랍니다. "손님은 완전 직모라서 한계가 있습니다. 파마가 오
래가지 못할 거예요" 따위의 말들은 믿지 마세요. 요즘은 완전 직모도 해
결이 가능합니다.

Q: 숱이 없고 가는 생머리 때문에 고민이에요.

A: 일단 머리 위쪽의 볼륨이 전혀 살지 않는 것이 큰 문제겠죠? 뿌리부터
마는 파마를 해서 자연스러운 웨이브를 만들어주면 좋아요. 저도 숱이 적
은 사람들 중 하나로서 숱이 많아 보이고 머리 뿌리 부분에 볼륨이 있어
보이도록 항상 신경을 쓴답니다.

　뿌리 파마를 했다가 볼륨이 바로 꺼지는 것은 옛날이야기예요. 요즘은
뿌리 쪽을 살려주는 파마 기술이 좋아져서 충분히 해결이 가능합니다.

Q: 다양한 '앞머리' 고민이 있네요.

A: 파마를 해도 가라앉지 않고 더 뜨는 앞머리는 '핀컬 파마'를 해서 결만
자연스럽게 흐르도록 만들어주는 것이 좋습니다.

또 옆으로 자연스럽게 떨어지는 앞머리를 원하시는 분들이 많은데요. 머리카락의 타고난 방향 자체가 다르기 때문에 파마를 해서 옆으로 돌아가게끔 만들어 해결해야 합니다. 앞머리를 기르는 도중에 감당이 안 될 때도 마찬가지예요. 그다음에 자연스럽게 옆으로 흘러내리는 잎머리 상태에서 기르면 수월합니다.

저도 워낙 머리가 잘 자라서 심심하면 앞머리를 잠깐씩 길러보거든요. 이 방법이 가장 쉽더라고요. 앞으로 바로 떨어지는 앞머리를 옆으로 넘기기 위해 아침마다 드라이하느라 고생하는 분들도 앞머리 파마로 아주 간단히 해결할 수 있답니다.

많은 분들이 헤어 관련 고민은 집에서 해결 가능하다고 생각하신다는 사실을 알게 되었습니다. 모르고 있을 뿐 그 방법만 알면 다 할 수 있다는 생각이시죠. 집에서 뭐든 다 가능하면 미용실이 왜 필요하겠어요?

생각보다 별것 아닌 문제들, 미용실에 가서 조금만 더 물어보고 적극적으로 방법을 찾았으면 충분히 해결 가능했을 고민들을 오랫동안 혼자 끌어안고 지냈으니 안타까울 따름입니다. 문제를 해결하기 위해 적극적으로 찾아 나서는 사람들만이 결국 해답을 얻습니다.

그렇게 하기로 마음먹었다면 한 가지! 성형한다고 다 김태희가 될 수는 없듯이 최고의 디자인과 기술을 만난다고 해서 완벽하게 재탄생하지는 않습니다. 지나친 기대는 버리고 가장 불편한 고민부터 하나씩 해결한다는 생각으로 시작해야 끊임없이 변신하고 점점 나아질 수 있습니다.

28.볼살 통통해도 얼굴 커도 할 건 다 해

이번에는 누구를 모델로 할까 마음속에서 각축전이 벌어졌다. 정작 당사자들은 전혀 모른 채 혼자 5명의 대기자들을 정해놓고 순위를 매기는 중이었다. 그 와중에 "볼살이 통통하다"고 울부짖는 분들을 만나게 되었다.

볼살 통통? 볼살이 통통하면 우리 희박이 아닌가.

그나마 볼살 뚱뚱에서 볼살 통통으로 거듭나고, 앞으로는 '볼살'이 아닌 '볼'로 다시 한 번 거듭나야 할 친구. 지금은 살 속에 깊숙이 묻혀 있지만 원래는 V라인의 턱선을 가진 여성! 너의 V라인 턱선을 분명히 내 눈으로 확인했지만 너무 오래전의 기억이라 마치 하룻밤의 꿈처럼 느껴지는구나.

중학생 한 사람분을 몸에서 덜어낸 만큼 살을 뺐지만 워낙 심하게 쪘던 터라 아직도 갈 길이 멀다 하는 희박! 괜히 30kg 이야기를 꺼내 사람들의 기대감만 높여놓았다. 그토록 뜨거운 반응들을 보여줄 줄이야. 다들 다이어트 이야기는 잊어주시길.

아무튼 무사히 희박을 섭외했다. 다시 한 번 강조하지만 절대로 얼굴이 커서가 아니다! 볼살이 통통해서 섭외한 것이다. 머리를 하기로 한 희박이 당부해왔다.

"회사에 갈 수 있게만 해줘. 그리고 내 머리 어렵게 기른 거니까 절대로 길이는 줄이면 안 돼!"

계약 성사를 위한 1장 1조 1항, 일단 무조건 오케이!

1교시 존 (Zone) 파마

회사에 갈 수 있는 파마?! 그러면서도 스타일은 살아 있어야 하잖아. 또한 힘들게 머리를 길러왔고 앞으로 계속 길러야 한다.

"머리카락을 1cm 기르는 것보다 10kg 빼는 것이 더 쉬웠어요."

희박은 정말 머리카락이 드러우시도록 안 자란다. 야한 생각을 하면 머리카락이 빨리 자란다는 속설이 사실이 아님을 몸소 보여주는 여성! 그러니 절대 머리 길이를 줄여서는 안 된다.

그런데! 예쁜 파마고 뭐고 머리끝이 많이 상했다. 이대로 길러서는 원하는 길이만큼 길러도 예뻐 보이지 않는다. 그래서 희박은 영양부터 해야겠다는 원장님의 말씀. 커트도 펌도 하기 전, 집중 관리에 들어갔다!

흔히들 많이 하는, 끝부분에 층을 낸 스타일의 헤어였으나

커트를 완전히 바꾸기로 했다. 머리 길이가 줄어드는 것을 원하지 않으니 길이는 최대한 살리면서 끝은 무겁게 자르고 가운데에 층을 넣었다. 가볍게!

앞서 영양을 했지만 심하게 상한 부분들은 잘라내야 했기에 머리를 계속 기르겠다는 희박이의 의견을 적극 수렴해 과감하게 푹푹 잘랐다!

희박의 반응은?! 이 여성이 세상에서 믿지 않는 두 가지가 있으니 바로 에센스와 헤어커트! 단 한 번도 마음에 쏙 드는 에센스와 커트를 만나지 못했단다. 실핏줄 터지는 악건성이니까 에센스는 그렇다 치고 커트는 왜? 애가 유별나서도 아니고 디자이너들이 실력이 없어서라고도 말 못 하겠다. 오직 주문은 하나, "절대 길이를 많이 줄이지 말고 다듬어만 주세요" 였는데…… 싹. 뚝. 댕. 강.

늘 배신당했으니 미용실만큼은 단골 숍 하나 없이 발길 닿는 대로 전전하는 여성이었다. 이번에도 쏨풍쏨풍 잘려 나가는 머리카락을 보고 전혀 기대하지 않았다는데…….

결과는 완전 만족일 수밖에!

내 눈으로 보나, 네 눈으로 보나 길이가 줄지 않았다. 상한 거 다 잘라냈는데도 자른 티가 나지 않아 만족이란다. 희박은 디자이너의 손길을 읽어내는 초 예리한, 뭔가를 아는 여자다. 커트가 제일 중요하다고, 커트 잘한다고 백날 이야기해봐야 그 차이를 전혀 못 느끼는 사람에게는 사실 아무 의미 없다. 그러나 내가 일일이 떠들지 않아도 알아서 눈치채는 여자! 데려온 보람이 있다.

커트 완성.

커트 전과 후를 비교하면 확실히 길이감은 그대로 살렸다. 그러나 앞으로도 계속 머리를 길러야 하는 희박을 생각해 상한 건 다 잘라냈다. 같은 날 파마도 했지만 추후 파마가 풀릴 때를 고려하면 더더욱 커트는 중요하다.

파마가 아닌 커트만으로 최대한 얼굴이 갸름해 보이고 인상이 더 부드러워 보이는 라인을 연출해야 한다. 얼굴에 살이 많이 찌면 이목구비가 살에 묻혀 인상이 투박하고 묵직해 보일 가능성이 커진다. 희박이는 과거 사진을 공개하면 김태희의 V라인 따위는 명함도 못 내미는 턱선의 소유자였다. 그것이 사라졌다.

"도대체 어디 간 게냐! 왜놈들에게 빼앗기기라도 한 게냐. 너의 턱선!"

현재도 열심히 다이어트 중이지만 오늘내일 살아 돌아올 턱선이 아니기에 희박에게 커트는 중요하고도 중요했다.

앞머리는 가르마를 없애고 숱을 좀 더해 정수리에서부터 바로 내려오게 했다. 길이도 눈 위에서 떨어지게 해 최대한 가릴 부분

은 가리되 여성스러움을 잃지 않도록 했다. 옆선이 굉장히 중요한데 일단 사진을 보면 커트하고 물기만 말려놓은 상태다. 가지런히 드라이하지 않은 머리인데도 정수리에서 턱선까지 라인이 굉장히 반듯하게 잡혔다. 무엇보다도 커트한 옆선을 뚜렷하게 확인할 수 있다.

X표를 한 커트 라인이 흔히 자르는 모양이다. 잘못된 커트 라인은 절대 아니지만 얼굴 면적이 도드라져 보일 수 있다. 특히 바가지 머리를 한 듯한 옆선은 피해야 한다.

O표를 한 커트 라인이 보면 얼굴선을 살짝 가리면서 앞으로 빠지게끔 되어 있다. 이런 상태에서 옆쪽만 간단하게 드라이해 펴주거나 C컬로 말아주면 파마를 하지 않은 생머리로도 스타일을 충분히 살릴 수 있다.

커트를 끝낸 후 파마에 들어갔다.

희박이는 늘 앞으로 가지런히 내려오는 앞머리를 원했지만 바람만 불면 얘네가 양쪽으로 갈라진단다. 머리 뿌리가 그렇게 생겨먹은 걸 어쩌누. 그래서 파마로 앞머리의 모양을 잡아주었다. 문제는 머리카락이 계속 자라나기 때문에 절대 영구적이지는 않다는 것!

사람에 따라 머리카락이 자라나는 속도가 다르지만 보통 한 달에 한 번 정도 가까운 숍에서 앞머리 파마로 뿌리를 잡아주면 관리에 도움이 된다. 몸에 이상이 오면 그때그때 병원을 찾듯이 문제성 헤어도 영구적인 치료가 불가능한 부분들은 주기적으로 숍을 찾아야 한다. 한번 하면 편리하고 고민할 필요 없지만 병원 가는 것과 마찬가지로 귀찮고 돈이 든다. 선택은 본인들의 몫!

결론은 앞머리 방향쯤은 해결 가능하다는 이야기다. 파마를 하든 안 하든 알아서 선택하되, 그런 일로 스트레스를 받지는 말기 바란다.

파마가 끝났다. 이제 머리를 말려야 하는데 그 전에! 전에 몰랐던 새로운 것들을 많이 보고 왔기 때문에 잠시 짚고 넘어가야 겠다.

일반 드라이기 형태에 '디퓨저'가 달려 있는데 구멍이 뿡뿡 뚫린 사이로 열과 바람이 나온다. 모양이 넓적해 한곳에 집중되지 않고 고루 퍼지는 것이 특징! 손을 가까이 대도 전혀 뜨겁지 않고 바람도 강하지 않은 점이 신기하다. 무엇보다도 뾰족하게 튀어나온 돌기들이 볼륨을 잡아주면

웰라SP 2.3 볼륨 무스   가는 모발들의 볼륨업을 위한 제품이다. 머리에 숱이 적고 볼륨이 살지 않을 때 컬을 잡아주면서 골고루 바르고 드라이하면 볼륨을 살려주고 지속시키는 스타일링 제품이다. 무엇보다도 끈적임이 없다! 머리카락이 딱딱하게 굳지 않는다! 수건으로 말리고 모발에 골고루 묻힌 다음에 컬을 살려가며 드라이기로 쉥. 끝.

세바스찬 보디 더블 씨키파이 스타일러   펌핑하면 부드러운 거품이 나온다. 모발 전체에 발라 끈적임과 무게감 없이 볼륨을 주고 뿌리 쪽에만 부분적으로 사용해 뿌리를 살릴 수도 있다! 두피 트러블은 걱정하지 않아도 된다. 드라이하기 전, 뿌리 쪽에 제품을 발라 뿌리를 살리면서 드라이한다. 이때 디퓨저를 이용하면 찰떡궁합.

디퓨저   사진에서 보이는 희한하게 생긴 드라이기이다. 미용실에 가는 걸 워낙 좋아하다 보니 아예 가서 살다시피 하지만 저런 건 한 번도 본 적이 없다. 파마한 첫날은 뿌리가 제대로 살아있으니까 굳이 필요하지 않았나 보다.

서 드라이를 돕는다. 잔잔한 바람과 열로 드라이하기 때문에 머리카락이 가늘어도 부스스해지지 않고 컬을 살려준다.

시중에서는 팔지 않는단다. 브라운이나 파나소닉, 필립스 등에서 비슷한 물건을 판매한다기에 집에 와서 곧장 분노의 검색질에 돌입했으나 디퓨저가 달린 드라이기는 찾지 못했다. 그 대신에 엉뚱하게도 로벤타에서 두 제품을 만날 수 있었다. 일반 가정용 드라이기로, 탈부착 가능한 디퓨저가 있는 제품이다. 숍에서만 봤지 아직 직접 써보지 않았기 때문에 제품의 성능에 대해서는 할 말이 없다.

아래 사진은 수건으로 말린 후 물기가 어느 정도 남아 있는 상태다. 볼륨을 살려야 할 뿌리 가까이에 세바스찬 제품을 펌핑하고 손끝으로 톡톡 두드리며 뿌리를 잡아준다.

처음 보는 디퓨저에 희박이도 당황한 모양이다. 사진에서처럼 머리 가까이 가져다 대도 전혀 뜨겁지 않다.

뿌리 쪽을 드라이할 때는 기구를 머리에 바짝 들이댄 다음에 디퓨저의 둥근 부분을 한 방향으로 살짝 비튼다. 그러면 튀어나온 돌기에 머리카락이 감기면서 컬과 볼륨이 잡히고 머리는 마른다. 일반 드라이기는 드라이하는 도중에 컬이 쭉쭉 펴지거나 뿌리가 죽는데 이건 일일이 손으로 꼬지 않아도 기구가 뿌리를 말아 세우면서 드라이된다.

옆과 뒤쪽은 사진과 같이 머리를 돌돌 감아 디퓨저 위에 얹거나 가까이 대고 말리면 된다.

드라이가 끝난 후 왁스로 고정!

컬이 있는 미디엄 헤어에 사용하기 좋은 왁스를 시중에서 구하기는 어렵지 않다. 사진에서 사용한 제품은 스프레이 왁스이다. 손에 묻히지 않고 바를 수 있고 끈적임 없이 마무리된다. 머리카락이 빳빳하게 굳지 않아서 웨이브 헤어에 사용하기 좋은 제품이다.

왁스를 바르거나 뿌릴 때는 앞머리까지 빼놓지 말고 골고루 컬을 잡아가며 스타일링해야 한다.

완성되었다, 존 파마!

세팅이나 디지털 파마처럼 전기열을 이용하지 않은 디자인 파마라 손상이 거의 없다는 장점이 있다. 희박이같이 파마를 거의 하지 않고 건강한 머리카락을 유지하면서 머리를 기르기에는 아주 좋다. 다만 세팅보다 컬의 지속력이 떨어지므로 충분한 상담을 거친 후에 선택해야 한다.

그냥 보면 일반 컬과 큰 차이가 없어 보이지만 구역에 따라 컬의 디자인을 달리했다. 그래서 존 파마다! 굵기도 다르게 말고 방향도 다르게 말아서 좀더 자연스러운 컬을 만들어준 것이 특징이다. 한 방향으로 컬이 잡히는 것보다 자연스럽게 흐트러지거나 시간이 지난 후 늘어졌을 때 더욱 자연스러운 컬을 원하는 사람들에게 추천할 만하다! 파마가 풀려도 특별히 스타일의 변화를 원하지 않는 이상 숍을 찾을 필요가 없다. 늘어지면 늘어지는 대로 자연스러운 스타일을 그대로 하고 다니면 된다.

평소 업스타일 헤어를 즐겨 하지만 매번 고데기로 컬을 잡

아 올림머리를 하는 것이 부담스럽다면 좀더 가느다란 굵기의 존 파마로
해결이 가능하겠다. 컬의 방향이 각기 달라서 대충 잡아 끌어 올려도 자
연스러운 업스타일을 연출할 수 있다.

잠깐! 희박이는 현재 염색한 머리다. 숍에서 한 게 아니라 이미 염색된
상태였다. 광대뼈가 튀어나오거나 각이 지고 큰 얼굴인 경우에 초콜릿브
라운 컬러로 염색하면 인상을 좀더 부드럽게 만들 수 있다.

보통 볼살이 많거나 발달한 턱, 얼굴이 큰 사람들은 생머리를 길러 끝
을 안쪽으로 말고 다닌다. 머리카락을 이용해 얼굴선을 최대한 가리려는
시도다. 일리 있는 이야기다. 그러나 역시 옛날이야기다. 그렇게 되면 특

정 헤어스타일 외에는 아무것도 시도하지 못한다. 헤어에 전혀 변화를 줄 수 없다는 말이다. 비록 얼굴형에 콤플렉스가 있더라도 과감하게 오픈하는 자신감이 필요하다!

무조건 가리기보다 오히려 얼굴을 드러내면서, 그 대신 색다른 파마나 염색을 통해 임팩트를 주어 시선을 얼굴이 아닌 머리로 분산시키는 방법도 꽤 효과적이다. 거기다 평소 안 하던 업스타일이라든지 여러 가지 스타일링을 시도하면 입고 있는 의상과 어우러져 단순히 얼굴형만이 아닌 전체적인 느낌으로 승부하게 된다.

정말 필요한 건 용기다!

2교시 셀프 스타일링 1: 업스타일

이번에도 간단한 업스타일을 먼저 해보자. 업스타일에도 워낙 종류가 많아서 각자의 헤어스타일에 맞는 것을 하나씩만 배운다고 해도 다 다루기는 힘들 듯.

희박이는 파마를 한 상태라 컬이 충분하다. 컬이 없는 경우라면 중간 이하의 굵기를 가진 고데기(28파이 이하)를 이용해 사진 정도의 컬을 만들어주어야 한다. 왜 꼭 컬을 만들어야 하는지 궁금하다면 지난 리뷰를 다시 정독하도록! 컬은 모두 똑같은 방향으로 말지 말고 앞으로 한 번, 뒤로 한 번 번갈아가며 말아야 더 자연스러운 연출이 가능하다.

앞서 '스프레이 왁스'를 뿌렸던 사실을 기억해야 한다. 스

모아서 꼰 머리를 고무줄로 묶는다. 굵은 고무줄 말고 가는 고무줄을 이용하는 것이 좋다. 머리카락 속에 고무줄이 파묻혀 잘 보이지 않으면 1.5배 더 스타일리시하다.

타일링 전에 끈적임이나 뻑뻑함이 없는 왁스를 모발에 발라주면 오전에 한 머리를 오래 유지할 수 있다. 스타일도 잘 잡힌다.

사진에서처럼 늘어진 머리를 정수리까지 잡아 올린다. 이때 양손을 이용해 머리를 한 번에 잡지 말고 거울을 보면서 1/5 정도만 왼손으로 대충 잡는다. 그리고 오른손을 이용해 1/5 정도씩 잡아 한 묶음씩 따로따로 끌어 올린다. 손끝을 모아 반듯하게 올리기보다는 손가락 사이사이를 벌려 그 사이에 컬이 자연스럽게 걸릴 정도로 '대충' 끌어 올려야 자연스럽다. 절대로 뒤통수를 바짝 당겨 올려서는 안 된다. 아주 가볍게 끌어 올려야 만들어진 컬이 뒤통수의 볼륨을 살려준다.

중요한 것은 앞쪽 옆머리는 조금 남겨두고 올려야 한다는 점! 다 올려도 상관없지만 각이 진 턱이거나 광대뼈가 튀어나왔거나 볼살이 유난히 많거나 없는 사람들은 저 옆머리가 있고 없고에 따라 큰 차이가 있다.

다 끌어 올렸으면 모아서 잡은 머리를 한쪽 방향으로 비틀어준다. 묶은 '머리 끝부분'이 비틀어지면서 더 자연스러운 모양으로 잡힌다.

모아서 꼰 머리를 고무줄로 묶는다. 굵은 고무줄 말고 가는 고무줄을 이용하는 것이 좋다. 머리카락 속에 고무줄이 파묻혀 잘 보이지 않으면 1.5배 더 스타일리시하다. 이번에 사용한 고무줄도 헤나로 검게 염색한 노란 고무줄이다. 특별한 것 없이 그냥 묶어주면 된다.

다 묶었으면 비틀어서 묶어 올린 끝부분의 모양을 잡아준다. 양손을 이

용해 당겨주기도 하고 뭉쳐주기도 하면서 모양을 잡는다. 세
부적인 스타일링은 각자의 감각에 달린 거라 말로 설명하기 힘들
다. 사진을 보면서 자꾸 따라 해보는 수밖에.

희박이보다 머리가 더 긴 사람들은 저런 모양이 안 나온다. 묶은 꽁지
부분이 길게 축 처질 것이다. 그런 사람들은 사진처럼 저렇게 빼두지 말
고 감아서 실핀이나 U핀으로 고정하면 된다.

이때 중요한 것!

앞서 머리를 위로 올릴 때도 좀더 자연스러운 느낌을 위해 한꺼번에 끌
어 올리지 않고 1/5 정도씩 나누어 잡아 올렸다. 묶은 머리의 끝을 틀어줄
때도 고무줄로 묶은 뒤에 포니테일처럼 나와 있는 머리끝을 한꺼번에 잡
아 돌리지 말고!! 1/4 정도씩 나눠 하나하나 돌려 고정한다. 머리숱에 따
라 필요한 핀의 개수는 차이가 있다.

돌려서 고정할 때는 희박이와 마찬가지로 꽁지 부분이 좀 부스스하면서
도 자연스럽도록 살짝 빼주면서 흐트러지게 하는 것이 포인트이다.

얼굴 옆에 늘어뜨린 옆머리는 결코 희박이의 얼굴선을 가려주지 못한
다. 그러나! 별것 아닌 듯 보이는 저것을 없애면 얼굴을 더 적나라하게 까
발리는 꼴이 된다. 사랑스럽고 여성스러운 스타일을 위해서라도 꼭 필요
하다. 물론 계란형에 갸름하고 예쁜 사람들에게는 '꼭'은 해당사항이 없
는 이야기다.

일단 머리에 컬이 있고 끈적임 없는 왁스로 스타일링을 마쳤다는 가정 아래 자, 시작!

　머리 뒷부분을 반으로 가른다. 그렇다! 스물다섯 살 이상은 함부로 하고 다니기 힘들다는 양갈래 포니테일이다.

　"나는 스물여섯 살이니까 패스!"

　이런 고정관념이 그대의 눈가 주름을 1.78배 더 깊어 보이도록 만들 것이다. 내일모레 서른이라도 혹은 집에 애가 둘이라도 꼭 시도해보도록!

　머리를 반으로 갈랐으면 한쪽을 묶는다. 그런데 반을 갈라야 한다고 어디서 뾰족한 걸 가져와 한 치의 흐트러짐 없이 반듯하게 갈라서는 안. 된. 다. 지금 하려는 머리는 뽀미 언니의 양갈래 머리가 아니다!

　그냥 대충 손가락 끝으로 나눠라. 그다음 한쪽 머리를 모아서 잡는다. 바짝 당겨 잡지 말고 사진처럼 컬이 부스스하게 엉키고 늘어지는 것이 보일 정도로 가볍게 잡는다. 절대로 빗질을 해서는 안 된다. 모든 것을 손가락으로 해결해야 한다.

　잡은 머리는 한쪽 방향으로 가볍게 꼰다. 그리고 아무 생각 없이 대충 묶는다. 그럼 사진과 같이 '아무 생각 없이 대충 묶은 듯' 자연스러운 꽁지가 탄생한다. 컬이 너무 굵거나 머리카락 끝까지 컬이 충분하지 않으면 이런 모양이 나오기 힘들다.

　　다 묶었으면 끝부분을 조금씩 당기기도 하고 살짝 만져주

면서 일정한 모양이 되지 않도록 흐트러뜨린다. 반대쪽도 똑
같이 잡아 돌린 다음에 묶고 흐트러뜨린다. 앞쪽 옆머리는 너무 바
짝 당기지 않고 자연스럽게 내리거나 늘어지게 한다.

　완성했을 때 전체적인 느낌은 집에서 반듯하게 양갈래로 묶고 학교에
가서 금요일 오후부터 밤새도록 친구들과 술집에서 달리다가 토요일 아
침 도로변에 버려졌다 깨어나 집에 돌아올 때의 머리 정도?
　머리카락에 컬만 있다면, 자연스럽게 흐트러뜨리는 감각을 기르기만
한다면 누구나 만들 수 있는 머리다. 일본 여자들은 나이 서른 먹고도 다

들 이러고 다닌다. 그렇게 꾸민 모습이 전혀 어색해 보이지 않더라고.

역시나 스타일링에는 자신감이 필요하다. 내 모습을 어이없다는 듯이 쳐다보는 옆집 총각의 눈알을 태우고도 남을 만큼 뜨거운 내 눈의 레이저! 뿜어져 나오는 자신감의 레이저!

희박이가 목표치만큼 감량해 갸름해진 턱선을 가지고 이 머리를 했다면 지금보다 더 예뻤겠지? 희박, 당신의 V라인을 응원합니다.

방금 전까지 양갈래로 묶어놓은 머리를 말아 올려 고정해볼 차례다.

사진처럼 묶은 꽁지 부분을 비틀어 위로 올린다. 그다음 머리에 갖다 붙이고 실핀으로 고정하면 끝! 이때 실핀을 꽂는 것이 중요하다. 2개든 4개든 필요한 대로 꽂을 수 있다. 단, 실핀이 눈에 훤히 드러나면 예쁘지 않다. 머리 위가 아니라 머리카락 속으로 핀을 쑤셔 넣어 고정해야 한다. 실핀의 끝부분만 겨우 밖으로 나오게끔! 그 끝부분도 머리카락에 묻히기 때문에 결국 핀 없이 머리를 고정한 것처럼 보인다.

틀어 올릴 때도 정해진 것이 없다. 자연스럽게 말아 올려 고정하면 된다. 아래로 처지는 부분이 생기면? 전혀 문제없다. 대충 걷어 올려 실핀을 쿡 쑤셔주면 땡! 반대쪽도 똑같이 비틀어 고정하고 핀을 꽂는다. 처진 부분이 나오면 대충 잡고 걷어 올려 핀으로 고정한다.

진짜 끝!

이렇게 부스스한 듯 걷어 올린 머리, 신경 안 쓴 듯 올려서 고정한 머리
역시 일본의 젊은 여자들이 많이 하고 다닌다. 대단한 것 없어 보여도 요
즘은 흐트러진 듯 틀어 올린 머리가 곧 자연스러운 스타일로 여겨지니 실
핀만 감쪽같이 꽂으면 굉장히 멋져 보일 수 있다.

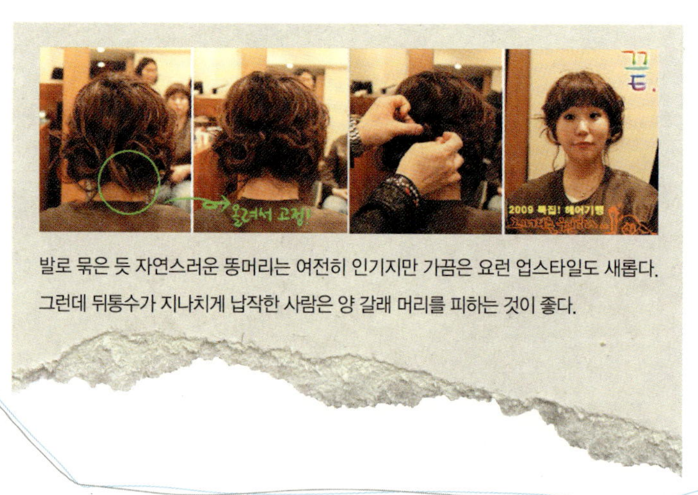

발로 묶은 듯 자연스러운 똥머리는 여전히 인기지만 가끔은 요런 업스타일도 새롭다.
그런데 뒤통수가 지나치게 납작한 사람은 양 갈래 머리를 피하는 것이 좋다.

이번에도 질문에 대한 원장님의 답변을 들어보겠습니다.

Q: 숱이 많고 가슴까지 내려오는 머리를 일자로 잘랐는데 윗부분에 층이 많아요. 어떤 파마가 어울릴까요?

A: 그 머리로는 못 할 파마가 없습니다. 원하는 파마에 맞게 머리를 더 자르거나 다듬어가면 되니까요. 현재 헤어스타일보다는 얼굴형에 대한 설명이 있으면 답변이 쉬울 것 같아요.

그래도 요즘 트렌드에 맞추어 추천해볼게요. 머리끝 무게감은 대세니까 그 무게감을 그대로 살리면서 중간을 가볍게 해 머리숱을 줄여주는 것이 좋습니다. 파마는 디자인이 들어간 굵은 파마를 해도 되고, 층이 너무 심하지 않다면 물결 웨이브도 괜찮습니다.

Q: 허리까지 오는 긴 머리를 예쁘게 관리하는 방법을 알려주세요.

A: 예쁘게 관리한다는 것이 예쁜 스타일링을 말씀하시는 건지, 아니면 예뻐 보이는 머릿결을 말씀하시는 건지 파악이 안 되어 조금 안타깝습니다.

세 가지로 생각을 해보았는데요.

1안– 층을 약간 내서 굵은 S컬로 사랑스러운 느낌을 준다.

2안– 층 없이 전체적으로 무겁게 해서 숱을 약간만 쳐달라고 한 다음, 파마를 말았다가 바로 푼 느낌을 주는 컬! 굵게 해서 풀린 듯한 느낌으로 해달라고 해야겠네요. 앞머리는 자르지 않거나 패션모델들처럼 눈썹까지

무겁게 잘라도 좋습니다.

　3안– 머릿결을 위한 것이라면 모발 상태에 꼭 맞는 샴푸와 팩을 이용해 집에서 주기적으로 관리하는 것이 좋습니다.

Q: 얼굴은 달걀형이지만 두상이 뾰족한데 어떤 헤어스타일이 좋을까요? 보완할 수 있는 방법을 알려주세요.

A: 일단은 층이 심하면 안 돼요. 턱선 약간 밑으로 내려오는 정도의 단발이나 쇄골 바로 위 정도의 길이, 아니면 아예 더 길게 하세요. 턱선 위로는 피하는 것이 좋습니다.

Q: 이마가 넓은데 앞머리가 일자로 너무 길면 이상해 보이네요.

A: 이마가 넓고 앞머리가 일자로 길어도 괜찮아 보이던데 혹시 이상하게 깎았기 때문은 아닐까요? 머리카락 사이로 넓은 이마가 너무 드러난다면 모량을 좀더 내서 앞머리를 만들어주어도 되고요. 길이가 중요한데 눈썹에서 아주 약간 내려오는 길이로, 그리고 앞머리 끝은 아주 조금만 가벼운 느낌으로 만들어주고요.

　말이 참 애매하죠? 헤어스타일도 어찌 보면 '아트'라서 말로 설명하기가 어렵습니다. 이 애매한 것이 굉장히 미묘한 차이지만 실제로 얼굴에서는 대단한 차이로 나타나죠. 아이라인만 살짝 그려도 눈이 달라 보이듯이 말이에요.

　Q: 다른 데는 그럭저럭 괜찮은데 정수리에만 머리숱이 적어

요. 광대뼈는 거의 없고 얼굴형은 계란형이지만 평면적인 얼굴에 머리와 얼굴이 약간 큰 편, 머리카락은 가늘고 곱슬기가 있습니다. 어떤 파마가 좋을까요?

A: 이렇게 복합적인 문제는 디자이너가 일일이 커버해줄 수 있는 부분이 아니에요. 가장 심각한 한두 가지 문제에만 집중해야 효과를 볼 수 있습니다. 정수리 부분은 뿌리 파마로 살려주어야 하고요. 생김새로 따지면 층을 내어 파마를 하면 좋은 경우지만 머리카락이 가늘고 곱슬기가 있다니 층은 내지 않는 것이 좋겠군요.

Q: 얼굴이 크고, 광대뼈와 볼살 사이가 들어가 보일 정도로 광대뼈도 있고, 볼살도 많고 이마까지 넓어요. 머리카락은 숱이 많고 곱슬. 층을 내서 안으로 말아주면 얼굴이 더 커 보일까요? 아니면 층을 쳐서 매직을 하고 다닐까요?

A: 광대뼈가 크고 볼살이 많은 게 얼굴이 더 커 보이는 요인이겠죠. 커트를 잘해야 합니다. 옆쪽에 층을 주되 길이를 살려서 해야 하죠. 버섯 머리 라인은 절대 안 된다는 거! 컬을 넣을 때는 어설프게 말지 말고 S컬로 하세요. 층을 내어 매직을 하고 다니는 것도 나쁘지 않습니다.

Q: 네모난 얼굴이에요. 앞머리가 있고 어깨까지 오는 길이인데 얼굴이 좀 갸름해 보이려면 모즈 웨이브를 피하는 편이 좋을까요? 어울리는 다른 헤어스타일은 없나요?

A: 모즈 웨이브도 나쁘지 않습니다. 단, 앞머리가 없거나, 앞머리가 있다

면 길이가 좀 있어야 예쁩니다. 컬을 너무 강하게 하지 않는 것이 좋고요. 옆가르마를 내서 앞머리가 옆으로 흐르게 해 각을 피해야 얼굴형을 보완할 수 있습니다.

다른 파마를 하려면 머리 위에서부터 전체적으로 내려오는 파마가 낫습니다. 중간부터나 끝에만 컬이 있는 스타일은 피하는 것이 좋고요. 파마 없이 층을 예쁘게 내서 세련된 커트를 해도 느낌을 잘 살릴 수 있으니 새로운 시도를 해보는 것도 좋을 듯싶네요. 구릿빛이나 브라운 톤으로 염색하는 것도 각진 얼굴을 부드럽게 보완하는 한 가지 방법입니다.

각을 너무 감추려고만 하지 말고 드러내되 커트를 엣지 있게 한다든지 컬러를 주는 등 얼굴형이 아닌 다른 곳에 임팩트를 주는 방법이 좋겠네요. 얼굴이 너무 크지만 않으면 각이 져도 예쁘게 어울리는 커트를 할 수 있습니다. 단점이 두드러져 보일 것 같지만 오히려 이미지가 시원해 보이는 효과가 있습니다.

Q: 동그란 얼굴은 모즈 웨이브가 안 어울린다고 했는데 '질문과 대답'에서는 두상 크고 얼굴 동그란 사람은 가급적 웨이브를 피하고, 하더라도 아주 굵은 웨이브를 하라고 하셨어요. 동그란 얼굴에 모즈 웨이브를 하라는 건지 말라는 건지 헷갈리네요.

A: 확인하고 당황했습니다. 후후.

얼굴이 동그랗다는 개념은 좀 애매합니다. 전혀 동그란 얼굴이 아닌데 약간의 볼살이 있어 둥글다고 굳게 믿는 분들도 많고요.

동그랗다고 모즈 웨이브는 절대 안 된다는 뜻은 아닙니다.

다만 머리 길이가 처음이 언니보다 짧지 않은 것이 좋아요. 좀
더 길면 좋고요. 아니면 아예 턱선 정도에서 떨어지는 길이에 웨이
브를 넣는 것이 좋답니다. 이때 앞머리는 없으면 더 낫고요. 무엇보다도
동그랗고 숱까지 많다면 둔탁한 컬이 나오지 않도록 숱을 꼭 쳐주어야 합
니다. 볼살이 정말 많다면 너무 무겁게 하기보다 약간 층을 주어 웨이브
를 넣는 것이 좋겠습니다.

또 얼굴이 동그래도 업스타일이 충분히 가능합니다. 양쪽 옆을 자연스
럽게 조금씩 빼주는 것이 얼굴형을 보완하는 한 가지 방법입니다.

Q: 숱도 많고 머리카락도 굵은 단발머리에 길이는 어깨 정도입니다. 어
떻게 하면 예쁠까요? 파마가 잘 어울릴까요?
A: 일단 숱은 좀 빼주셔야 해요. 약간은 괜찮지만 층이 너무 많은 것은 좋
지 않습니다. 모즈 웨이브 같은 스타일도 괜찮고 어깨 길이라니 그 기장
에 맞추면 될 듯네요.

Q: 숱이 적고 머리카락도 가늡니다. 두피가 건강하지 않아서 고민인데
뿌리 파마를 하면 두피에 더 해가 되는 건 아닌지요. 소녀시대의 제시카
파마를 하고 싶은데 그 파마를 좀 띄워서 할 수 있을지 궁금합니다.
A: 두피 관리가 정말 중요합니다. 머리카락이 점점 가늘어지고 볼륨이 죽는
건 두피 문제인 경우가 대부분입니다. 두피 관리를 우선적으로 하고, 상태가
심각하면 두피 클리닉을 방문해 꼭 치료하는 게 좋아요. 뿌리가 약해도 제
시카 파마를 할 수 있지만 집에서 손질이 많이 필요한 스타일입니다.

29. 연어가 다크서클을 없애줄까?

내 다크서클로 말할 것 같으면 하루 이틀 과로해서 생기는 가소로운 다크 서클과 차원이 다른, 10여 년간 명맥을 이어온 뼈대 있는 다크서클이다. 둘째가라면 서러운 농도를 자랑하지만 '연어'가 없애주리라는 기대는 하지 않는다.

물론! 아주 옛날에는 했었다. 다크서클에 좋다는 음식, 다크서클에 좋다는 크림, 다 먹고 다 발라보았다. 조금이라도 옅어지기를 기대했지만 꿈쩍도 않았다. 화장품이나 음식으로 다크서클을 없앤다는 생각은 버린 지 오래다.

그런데 요즘 '연어'에 빠져 있다. 다크서클 때문이 아니다. 연어를 원래 좋아하는데다 집에서 먹기 시작하니까 신선하고, 맛있고, 배불리 먹어도 속이 부담스럽지 않고, 소화도 잘되고, 배가 부르니까 간식 생각도 안 나고 살도 안 찐다. 단백질, 필수아미노산, 오메가-3 지방산 등등.

한 끼 식사 후의 단순 포만감을 넘어 내가 좋아하는 재료들을 가지고 입맛에 맞는 음식을 해먹는다는 것! 이건 굉장히 큰 의미가 있다. 적어도 한때 잠시나마 다이어트한답시고 설치다가 식이장애를 겪었던 나에게는.

다이어트로 인해 음식을 먹는 일이 늘 스트레스인 사람들이 있다. 좋아하는 음식은 살찌는 거고, 다이어트에 좋다는 음식은 대개 입에도 대기 싫은 것들이다.

조금만 관심을 갖고 돌아보면 몸에도 좋고 다이어트에도 도움이 되며 맛있고 배부르게 먹을 수 있는 식재료들이 많다. 그것들을 맛있게 먹으면 되는데 그 재료들로 요리를 만들어 먹자니 귀찮고 부담스럽다. 무엇보다 갖은 양념을 해야 하기 때문에 지속적으로 먹기 어려워지고 결국 다이어트와도 멀어진다.

내 식사는 단순하다. 좋아하는 재료를 사다가 최소한의 간을 해서 먹는다. 대신 영양소를 골고루 챙기고, 절대 적게 먹지 않는다. 과식도 금물이지만 어느 정도의 포만감이 있어야 간식 생각도 안 난다. 입맛에 꼭 맞는 드레싱이나 재료를 먹어줌으로써 자극적인 외식에서 멀어질 수 있다.

그런 이유로 요즘 연어에 푹 빠져 있다. 사진을 보면 알 수 있듯이 내 식

사는 한 단어로 규정 가능한 특정 음식이 아니다. 마치 요리하기 전의 갖은 재료들을 접시에 모아둔 것 같다. 채소를 더 많이 챙겨 먹기 위해 애쓰면서부터 대충 저렇게 먹기 시작했다. 샐러드를 즐기다 보니 심심하게 간한 채소와 샐러드가 이제는 더 맛있다.

연어는 훈제연어를 먹고 마늘은 간 없이 노릇노릇하게 굽는다. 두부와 새우는 올리브유를 이용해 굽고 치즈를 얹어 먹는다. 무순에 뿌려 먹는 드레싱은 발삼 소스를 이용한다. 기타 재료는 조금 비싸더라도 유기농 제품을 사는 것이 좋겠다.

솔직히 유기농 제품도 100% 믿지 못하겠다는 말이 나오는 요즘이다. 그만큼 식재료들이 위험수위에 다다랐다. 유기농 두부, 유기농 올리브유, 유기농 식초……. 비싸다는 생각도 든다. 하지만 밖에 나가면 맛있는 빵 한 덩어리에 3,000원이 넘는다. 탄산음료, 과자 등 잡다한 군것질을 안 하면 오히려 남는다.

즐겨 먹는 발삼 소스는 집에서 직접 만든다. 마트에 가면 발삼 식초가 널렸다. 쉽게 구할 수 있는데 반드시 유기농 제품으로 고른다. 입맛에 맞는 비율로 올리브유랑 섞으면 된다. 빵을 찍어 먹을 때는 발삼 식초를 조금만 넣어 먹는 게 보통이지만 드레싱으로 쓸 때는 좀 넉넉히 넣는 게 맛있다.

연어를 자주 사 먹던 초기에는 주로 마트에서 파는 슬라이스 훈제연어를 이용했다. 짭짤한 것이 입에 착착 붙었지만 원료 및 함량을 살펴보면 향미증진제 같은 게 들어서 찝찝하고 먹기 싫어진다. 게다가 자주 먹는 만큼 대량 구매할 때 가격을 따지게 되더라는.

결국 평소 생선을 시켜 먹던 제주도 생선집에 말해서 대량으로 주문해 먹게 되었다. 아침 일찍 전화로 주문하면 그날 저녁 집으로 배송된다. 초고속 당일 배송. 기상 상태가 안 좋은 날은 비행기가 뜨지 못해 배송이 지연되니 날씨 좋은 날에 주문해야 한다.

배송비가 7,000원(당일 특급)이라 연어만 한두 마리 구매하면 별로 득이 안 된다. 식구들이 즐겨 먹는 고등어나 옥돔 같은 생선들과 함께 끼워서 구매해야 배송료를 더해도 시중 가격보다 이득이다. 신선함은 말할 필요도 없다.

제주도에서 훈제연어를 사다 먹어보면 호텔이나 일반 레스토랑에서 사 먹던 훈제연어와 맛이 다르다. 당연히 호텔이나 레스토랑에서 먹는 훈제연어가 더 맛있다. 제주도에서 시켜 먹는 훈제연어는 말 그대로 '훈제된 연어'. 호텔에서 먹는 훈제연어는 향신료를 이용해 한 장 한 장 마리네이드한 상태라 입에 착착 붙는다. 집에서 직접 마리네이드를 하면 거의 흡사한 맛을 내겠지만 그냥 먹는다. 발삼 소스를 뿌린 무순을 싸서 먹으면 충분히 맛있다. 향신료를 싫어하거나 부담스러워하는 사람들에게는 오히려 더 좋다.

좋아서 막 먹다 보니 연어를 수개월 동안 먹게 되었다. 다크서클에 연어가 좋다는 말이 사실이라면 내 눈 밑은 지금 투명하거나 뭐라도 반사할 수 있어야 정상 아닐까? 그게 아니라면 얼마나 더 먹어야 한다는 말이야! 혹시 다크서클 때문에 연어를 먹어볼까 생각 중이었다면 아서라!

30. 인터넷에서 화장품 구입 시 유의할 점

산골 방구석에 쪼그리고 앉아 손가락만 까딱해도 세계적인 명품 화장품
이 코앞에 나타나는 시대! 화장품은 셀 수 없이 많고 판매하는 인터넷 사
이트도 넘쳐난다.

소비자는 눈물겹다

식품과 마찬가지로 유통기한이 있고, 잘못 사용할 경우에 부작용까지 초
래하는 화장품!! 보다 편리하게 구입하기 위해서 혹은 우리 동네에서 안
파니까 인터넷 쇼핑몰을 주로 이용하는 사람들이라면 반드시 짚고 넘어
가야 할 부분이 있다.

1. 사용 후기를 경계하라

화장품은 눈으로 살펴 알 수 있는 제품이 아니기 때문에 먼저 써본 사람
의 사용 후기가 굉장히 중요하다. 제품 하단에 올라온 상품평을 꼼꼼히
살피는 것이 제대로 된 화장품 쇼핑을 위한 지름길이었다. 하지만 어디
까지나 과거 이야기다. 이제는 사용 후기를 경계할 때다!

소비자들이 사용 후기에 얼마나 크게 좌지우지되는지 업체

들도 다 알아버렸기 때문에 판매업체들이 직접 후기를 작성
하는 경우가 허다하다. 업계에서도 공공연히 알려진 이야기다. 판
매 사이트가 입점 브랜드들을 관리, 제재한다지만 어느 정도는 눈감아주
는 것이 현실이다. 사용 후기를 맹신하지 않는 소신이 필요하다!

2. 샘플 화장품 구입을 멀리하라

샘플은 대부분 비정상적인 경로로 유출되어 인터넷에서 판매된다. 그런
데다 정품과 달리 제조일자나 유통기한을 확인하기 힘들어서 기한이 지
난 제품을 구입할 확률도 훨씬 높아진다. 아무것도 모르고 구입해 사용하
다 피해가 발생해도 정상적인 유통경로를 통한 제품이 아니어서 보상을
받기 어렵다.

3. 교환/환불이 가능한지 미리 확인하라

백화점뿐만 아니라 인터넷 쇼핑몰에서 구입한 화장품이라도 구매한 후
30일 이내에는 언제든지 교환, 환불이 가능하다. 물론 사용한 흔적이 있
으면 99% 거절이다.

변질되었거나 피부 트러블을 유발한 경우에는 기간하고는 상관없이
언제든 환불이 가능하다. 그런데 구입한 제품 때문에 트러블이 일어났다
고 무턱대고 환불을 요청하면 피부과 의사의 소견서나 패치 테스트를 받
아오라고 한다.

까짓것 제출해서라도 환불 받자 싶겠지만 단순 진단서와 달리 패치 테
스트는 좀 까다롭다. 해주지 않는 피부과도 많을뿐더러 제품의 이러이러

한 성분이 환자에게 이러한 트러블을 일으켰다고 입증해야 한다. 그 제품 탓이 아니라는 결과가 나오면 돈만 날리고 만다. 애초에 백번 고민해 알아보고 신중하게 구매하는 습관이 필요하다.

4. 한글 라벨을 확인하라

현재 정식 수입절차를 거치지 않은 제품들이 많이 유통되고 있다. 그래서 인지도 없는 제품인데 좋다는 상품평만 보고 구입하는 건 굉장히 위험하다. 구매대행이나 보따리 장사꾼들이 들여온 제품과 달리 통관절차를 마친 정품에는 한글 라벨이 붙어 있다. 수입처와 판매회사 연락처가 표시되어 있어 피해가 발생했을 때 책임 소재가 분명하다.

5. 검증된 사이트에서 구매하라

보안 시스템, 개인정보보호정책 공시, 공정거래위원회 표준약관 사용 등 기본적인 형식은 거의 모든 쇼핑몰들이 갖추고 있다. 믿을 만한 사이트인지를 구별해내기가 소비자로서 쉽지 않다는 말이다. 한글 라벨이 있어도 완전한 정품이라도 단정하기 힘든 무시무시한 시대다.

신생 사이트와 섣불리 거래하기보다 인지도 있는 사이트를 주로 이용하는 것이 안전하다. 제품이나 서비스에 문제가 생겼을 때 보다 쉽게 해결해주는 사이트도 좋다.

6. 제조일자, 유통기한을 확인하라

소비자들이 화장품의 제조일자나 유통기한에 무지했던 몇 년 전만 하더라도 유통기한이 지난 제품을 싸게 파는 사이트가 많았다. 요즘은 많은 소비자들이 제조일자나 유통기한에 대해 인지하고 있기 때문에 유통기한이 지난 제품을 판매하는 경우는 드물다. 문제는 유통기한이 간당간당한 제품들이 아직도 많이 판매되고 있다는 것!

백화점 사이트는 본사에서 제품을 공급해 짝퉁일 확률이 없다. 하지만 유통기한이 간당간당한 제품들을 '기획'으로 묶어 사은품 빵빵하게 끼워 판매할 때가 있으니 전화로 문의해서라도 꼼꼼히 확인한 후에 구매해야 한다. 어떤 제품이든 제조 2년 이내면 사용하는 데 크게 지장이 없다. 그렇더라도 특정 제품을 구입해서 개봉한 뒤에 하나를 다 쓰기까지 걸리는 시간을 고려해야 한다. 가능한 한 제조한 지 1년 이내인 제품을 구입하는 것이 좋다.

7. 홍콩발 짝퉁을 조심하라

가격을 비교해보면 깜짝 놀랄 만큼 저렴한 가격에 판매되는 화장품을 간혹 볼 수 있다. 정가보다 많이 싼 제품은 홍콩발 짝퉁일 확률이 높기 때문에 일단 의심을 해보아 한다. 중저가 제품들은 정품을 쉽게 살 수 있기 때문에 짝퉁이 거의 없다. 그러나 역사가 깊고 유명한 명품 화장품, 고가이면서 인기 많은 SK2, 랑콤, 샤넬, 디올, 기타 명품 브랜드 향수 등은 아직도 짝퉁이 많이 돌아다니니 더욱 신중히 살펴 구매하자.

8. 이베이라고 무턱대고 믿지 마라

고가의 브러시 세트를 정품 가격의 반도 안 되는 가격으로 이베이에서 구

매하는 사람들이 많다. 다들 짝퉁이 의심스러워서 판매자를 유심히 살펴보고 판매자의 위치까지 확인하겠지만 그래도 믿을 수 없는 곳이 이베이이다! 정말 조심해야 한다.

미국 브랜드 제품인데 아이템 로케이션(Item location)이 홍콩이나 중국일 경우에는 100% 짝퉁이다. 그런데 아이템 로케이션이 미국이고 판매자는 '파워 셀러'에다 피드백이 100% Positive이라면? 그래도 역시 믿을 수 없다!

우선 국내 정가의 절반도 안 되는 가격 자체가 상식 이하다. 100% Positive라는 것도 기존 구매자들과 분쟁이 없었다는 소리일 뿐 정품을 보장한다는 뜻이 아니다. 내국인은 물론이요, 영어를 잘 못 하는 외국인이 구매할 경우 일일이 분쟁하지도 못한다. 아이템 로케이션이 미국이라지만 중국에서 만든 짝퉁을 미국에서 팔기도 하므로 믿을 수 없다.

실제 파워 셀러가 판매한 짝퉁 제품을 본 적이 있는데 정말 놀랄 정도로 감쪽같다. 국내 매장에서 직접 구입한 정품을 놓고 하나하나 꼼꼼히 살펴본 뒤에야 짝퉁인 사실을 알았을 만큼 정교하게 만들었다. 정품을 구입해보지 않은 사람들은 당연히 알 길이 없다. 정품을 갖고 있더라도 브러시 한두 개 비교해서는 알아내기 힘든 수준이다. 브러시는 제대로 된 거 하나 사면 10년 가까이 사용하는 만큼 정품을 구매하기 바란다.

또한 이베이에서 구입한 짝퉁 브러시를 중고 사이트에서 되파는 사람들이 늘고 있는데 사진을 첨부했더라도 이미지로는 정품 구별이 거의 불가능하다.

9. 할인 행사 모르면 바보다

마진이 높은 아이템이라 무료 배송 이벤트, 깜짝 할인 등이 가장 많은 것이 화장품이다. 적절히 이용하는 것이 똑똑한 쇼핑 노하우!

화장품은 유난히 1+1 행사가 많은데 정보에 빠르면 같은 값에 2개를 얻을 수 있다. 카페 '매거진 파파'에 '브랜드 따끈 소식' 카테고리를 마련한 것도 커뮤니티 내 정보 공유를 통한 혜택을 나누기 위해서다. 1+1 행사에서 커뮤니티 회원들끼리 마음 맞는 제품을 함께 구매하는 것도 실속 있는 화장품 쇼핑 요령이다.

백화점 사이트는 본사에서 직접 물건이 들어가 믿을 수 있지만 가격을 깎아주는 일은 좀처럼 없다. 쉬지 않고 이어지는 단독 기획 상품이나 신상품 출시 이벤트를 노려야 한다. 원하는 제품이 있을 경우에 주의 깊게 살펴보면 뜻밖의 행운을 만날 수 있다.

10. 제품이 도착하자마자 꼼꼼히 살펴보자

개봉한 흔적이 있는지 살피는 것이 우선이다. 향을 맡아보고, 내용물이 분리되거나 굳었는지 여부도 확인해야 한다. 요즘은 제품 자체의 향이 나쁜 화장품도 많으니까 커뮤니티 회원들에게 문의해 미리 알고 구매하는 것도 좋다.

인터넷에서 판매되는 화장품들은 유통경로가 다양한데 그중 하나가 백화점 정품이나 방문판매 전용 화장품의 인터넷 판매다. 한글 라벨이 붙은 정품이지만 백화점 입점 업체의 매출 실적과 관련해 뒤로 빠진 물건들인 경우가 많다. 백화점에서 판매하고 남은 재고를 저가로 유통시킨 것!

제조사 단속을 피하기 위해 비표를 칼로 긁거나 지워서 판매하는데 이런 제품들은 유통기한이 얼마 남지 않은 경우가 태반이다. 주의 깊게 살펴본 후에 제조일자가 명확하지 않으면 반품하는 것이 낫다.

정품의 진위가 의심스러우면 백화점 매장이나 본사에 정품 여부를 확인한 후 즉시 환불을 요구해라. 환불해주지 않을 경우에는 확인된 근거 자료를 가지고 한국소비자보호원에 처리를 요청하면 된다. 하지만 상당히 번거롭고 시간낭비도 심하므로 구매할 때부터 조심하자.

31. 화장품을 냉동실에?

날씨가 더워지고 땀을 많이 흘리는 계절이 오면 여태껏 잘 사용하던 크림인데도 손에서 멀어진다. 크림 따위를 바르지 않아도 얼굴에 하루 종일 유분 가득, 기름 촉촉! 그래서인지 "가을까지 안 쓸 건데 크림을 냉동실에 보관해도 될까요?" 하고 묻는 쪽지가 일일이 답변할 수 없을 정도로 많이 온다. 똑같은 답변을 복사, 붙여 넣기 해서 보내는 상황이다.

뭐, 여름에만 냉장고를 찾는 것이 아니라 기초 제품만큼은 사계절 내내 냉장 보관을 필수로 하는 사람들이 많다. 세안 후에 차게 보관한 제품을 발라야 피부가 진정되는 건 물론 모공이 줄어든다고 생각하기 때문이다. 어느 정도 맞는 말이기는 하다. 하지만 너무 차게 해서 사용하면 오히려 피부에 자극이 될 수 있다. 또 지속적으로 차게 사용하다 보면 얼굴에 홍조까지 생기는 경우가 있으니 주의해야 한다. 원래 홍조가 있던 사람이라면 홍조가 더 심해질 가능성도 있다. 모공을 줄이려다 만년 볼터치를 얻는 수가 있다는 말이다.

화장품은 상온 보관을 전제로 생산하기 때문에 30℃ 이상의 고온이거나 습도가 심하게 높지 않다면 굳이 냉장 보관까지 할 필요 없다. 단, 안티에이징이나 화이트닝 제품같이 비타민 A, 비타민 C, 콜라겐, 레티놀 성분이 들어간 제품은 냉장 보관하는 것이 좋다. 이 성분들은 열과 빛에 쉽게 파괴되기 때문에 제품 용기부터 불투명하고 짙은 컬러로 되어 있다. 이러한 제품들을 실온에 보관하면 시간이 흐르면서 성분 함량이 떨어질 가능성이 크다. 보다 안정적으로 보존하기 위해서는 냉장 보관을 권한다. 천연 제품은 무조건 냉장 보관해야 변질을 막을 수 있다.

화장품을 보관하기에 가장 이상적인 온도는 5~15℃이다. 일반적으로 가정에서 사용하는 냉장고는 5℃ 이하라서 화장품을 위한 삶의 터전으로는 적합하지 않다. 화장품 전용 냉장고가 괜히 나온 게 아니라는 사실!

정작 나는 화장품 냉장고를 쓰지 않는다. 5월부터 에어컨을 틀기 시작해 하루 종일 가동하는 몹쓸 버릇 탓도 있다. 하지만 화장품 냉장고를 사용하려고 크기를 따져보니 최소 두 대 이상은 사야 할 것 같은데 시중에 파는 화장품 냉장고들은 디자인이 촌스럽고 조잡해 집에 두기가 싫다는 게 문제였다. 사이즈나 디자인을 주문 제작할 수 있게 되면 몰라도 당분간은 생각이 없다.

그 대신 냉장고 문에 붙은 홈바를 이용한다. 다들 알겠지만 홈바는 냉장고 문을 열지 않고 홈바만 열어 물이나 기타 음료를 꺼내 마시도록 만들어졌다. 에너지를 절약하는 동시에 편의성을 위한 것이어서 요즘 나오는 양문형 냉장고치고 홈바 없는 것이 없다. 그 홈바 전체를 화장품으로 가득 채워두었으니 가족들의 원성이 자자하다. 야채·과일칸도 온도가 상대적으로 높아 적당히 시원하면서도 이상 없이 화장품을 보관할 수 있다.

저온 냉장고나 냉동실에 화장품을 보관하면 유분과 수분이 분

리되거나 내용물이 변질될 가능성이 있다. 크림류의 윗부분에
물이 생겼다면 이미 분리가 시작된 상태다. 게다가 저온 보관으로 내
용물이 너무 차가워지면 유효 성분이 피부에 제대로 흡수되지 않을 가능성
이 높다. 비싼 돈 주고 산 화장품을 공중 분해시킨 꼴이 될지 모르니 조심해
야 한다.

더욱 중요한 것은 한번 냉장고의 세계를 맛본 화장품은 냉장고에서 생을
마감해야 한다는 점이다. 제품을 실온에 꺼내놓았다가 다시 냉장고로 집어
넣었다 하면서 두 세상을 오가다 보면 유효기간이 점점 줄어들고 변질될 가
능성은 더욱 커진다.

혹시 안티에이징, 화이트닝 제품 등을 햇빛 쫙쫙 들어오는 창가에 두고 출
근한 것은 아닌지. 오늘 밤 화장품 자리 배치, 다시 합시다!